Chidiebere Uche

Comportamento mecânico do PEBD preenchido com resíduos de papel e pó de Garcinia Kola

Chidiebere Uche

Comportamento mecânico do PEBD preenchido com resíduos de papel e pó de Garcinia Kola

ScienciaScripts

Imprint
Any brand names and product names mentioned in this book are subject to trademark, brand or patent protection and are trademarks or registered trademarks of their respective holders. The use of brand names, product names, common names, trade names, product descriptions etc. even without a particular marking in this work is in no way to be construed to mean that such names may be regarded as unrestricted in respect of trademark and brand protection legislation and could thus be used by anyone.

Cover image: www.ingimage.com

This book is a translation from the original published under ISBN 978-3-659-83319-9.

Publisher:
Sciencia Scripts
is a trademark of
Dodo Books Indian Ocean Ltd. and OmniScriptum S.R.L publishing group

120 High Road, East Finchley, London, N2 9ED, United Kingdom
Str. Armeneasca 28/1, office 1, Chisinau MD-2012, Republic of Moldova, Europe
Printed at: see last page
ISBN: 978-620-8-35346-9

ÍNDICE

AUTOBIOGRAFIA

UCHE, CHIDIEBERE

UCHE, CHIDIEBERE nasceu em Owerri, no Estado de Imo. Frequentou a escola primária College of Education, em Owerri. Em seguida, frequentou o ensino secundário na Government Secondary School Owerri. Em 2002, foi admitido na Universidade Federal de Tecnologia de Owerri, no Estado de Imo, para estudar Engenharia de Polímeros, que concluiu em 2006 com distinção de segunda classe.

UCHE, CHIDIEBERE é atualmente candidato a doutoramento (Ph.D.) na Universidade Federal de Tecnologia de Owerri. Em 2014, obteve o seu Mestrado em Ciência e Engenharia de Polímeros também pela Universidade Federal de Tecnologia de Owerri. É membro do Instituto de Polímeros da Nigéria (PIN) e da Sociedade de Materiais da Nigéria (MSN).

RESUMO

Foi estudado o comportamento mecânico de resíduos de papel e de kola amarga (Garcinia Kola) como cargas respectivas e sinérgicas em polímero de polietileno de baixa densidade. Os resíduos de papel e a kola amarga utilizados foram peneirados para o mesmo tamanho de partícula de 250 microns e foram utilizados com um teor de carga de 0% em peso, 5% em peso, 10% em peso, 15% em peso e 20% em peso, respetivamente. Os compósitos de polietileno de baixa densidade com e sem polietileno de enxerto de anidrido maleico (MAPE) foram produzidos numa máquina de moldagem por injeção a uma temperatura de processamento de 190°c. Foi estudada uma gama abrangente de propriedades mecânicas, nomeadamente: resistência à tração, extensão na rutura, extensão no rendimento, módulo de elasticidade, resistência ao impacto e teste de dureza para caraterizar o comportamento mecânico do compósito. Os resultados mostram que, para qualquer tipo de carga e composição de carga considerados, a resistência à tração na rutura, o alongamento na rutura e o alongamento na rutura diminuem com o aumento das cargas de carga. Os testes de módulo, resistência ao impacto e dureza dos compósitos aumentaram com o aumento da carga de carga para todos os tipos e formulações de carga. No entanto, os estudos morfológicos efectuados por vários investigadores revelaram uma incompatibilidade entre as cargas e a matriz polimérica, o que levou à formação de agregados e a uma fraca adesão durante o processamento, pelo que se tornou necessário introduzir um agente de acoplamento - enxerto de polietileno de anidrido maleico (MAPE) - para melhorar a adesão interfacial entre o polímero e as cargas. A adição de MAPE (2wt. %) resultou num aumento da resistência ao impacto e da dureza e num ligeiro aumento da resistência à tração das amostras compósitas produzidas com MAPE do que as produzidas sem MAPE.

CAPÍTULO 1

1.0 INTRODUÇÃO

1.1 ANTECEDENTES DO ESTUDO

Os polímeros estão disponíveis numa vasta gama de formulações e as propriedades são obtidas através da seleção do polímero de base e dos aditivos. São geralmente produzidos sob a forma de pós, granulados ou líquidos. Para produzir produtos poliméricos com as formas pretendidas, os termoplásticos têm de ser fundidos e arrefecidos até atingirem a forma final do produto, enquanto os termoendurecíveis têm de ser submetidos a uma polimerização adicional para completar as reacções de reticulação, a fim de solidificarem finalmente na forma pretendida; assim, estas operações são designadas por processamento. Os factores que influenciam as operações de processamento incluem a viscosidade, a orientação das fases heterogéneas, a velocidade das reacções e a formação de voláteis. Entre estes factores, a consideração da viscosidade é de longe a mais dominante no processamento. A viscosidade é fortemente influenciada pela temperatura, taxa de partilha, peso molecular e sua distribuição, estrutura molecular das cadeias poliméricas e heterogeneidade dos materiais. Assim, o estudo do comportamento do fluxo de materiais poliméricos, que é designado por reologia, é muito importante para compreender as condições adequadas para o processamento. (Hatsuo Ishida, 1980).

A modificação de polímeros com um material orgânico para produzir um compósito de polímero é um lugar-comum no mundo dos plásticos modernos. Recentemente, os materiais compósitos substituíram com sucesso os materiais tradicionais em várias aplicações leves e de elevada resistência. As razões pelas quais os compósitos são selecionados para tais aplicações devem-se principalmente à sua elevada relação resistência/peso, elevada resistência à tração a temperaturas elevadas, elevada resistência à deformação e elevada tenacidade. Por definição, os materiais compósitos são materiais que consistem em dois ou mais constituintes quimicamente distintos numa escala macro, com uma interface distinta que os separa e com um comportamento a granel que é consideravelmente diferente do de qualquer um dos constituintes. A fase primária de um material compósito com carácter contínuo é designada por matriz. A matriz é geralmente menos dura e mais dúctil. (Soumya Ranjan Sethy, 2001).

A matriz constitui a parte mais volumosa. A fase secundária, que é uma forma descontínua, é incorporada na matriz. A fase dispersa é geralmente mais dura em comparação com a fase contínua e é designada por reforço. Serve para reforçar os compósitos e melhora o comportamento mecânico global da matriz. O sinergismo produz propriedades materiais não disponíveis a partir dos materiais constituintes individuais; enquanto uma vasta gama de materiais de matriz e de reforço dá uma opção ao projetista do produto e permite-lhe escolher uma combinação óptima. (Soumya Ranjan Sethy, 2001).

A ideia de utilizar fibras de celulose como reforço em materiais compósitos não é nova nem recente. O homem já utilizava esta ideia desde o início da civilização, quando a erva e a palha eram utilizadas para reforçar tijolos de barro. Na última década, tem-se dado grande ênfase ao desenvolvimento e aplicação de materiais compósitos reforçados com fibras naturais em muitas indústrias.

Os compósitos de fibras naturais são materiais reforçados com fibras, partículas ou plaquetas provenientes de recursos naturais ou renováveis, ao contrário, por exemplo, das fibras de carbono ou de aramida que têm de ser sintetizadas. As fibras naturais incluem as produzidas a partir de plantas (celulose, hemicelulose, lenhina, pectina, ceras), animais e fontes minerais. (Rowell et al, 1997).

1.1.2 POLIETILENO DE BAIXA DENSIDADE

O polietileno foi descoberto por químicos britânicos em 1933. O polietileno de baixa densidade (LDPE) é quimicamente muito semelhante ao polietileno de alta densidade (HDPE), mas é mais flexível e menos denso. O PEBD é ligeiramente ceroso e estica-se bem. O primeiro polímero comercial de etileno foi o polietileno ramificado, normalmente designado como material de baixa densidade ou de alta pressão para o distinguir dos materiais essencialmente lineares. (www.ronz.org.nz).

O PEBD é produzido a partir do gás etileno (um hidrocarboneto simples) sob pressões e temperaturas elevadas num reator que contém um solvente de hidrocarboneto líquido na presença de catalisadores metálicos (catalisadores Ziegler). O polímero resultante produz uma pasta à medida que se forma, que é filtrada do solvente. (www.ronz.org.nz).

A polimerização do etileno pode ser efectuada com benzeno ou clorobenzeno como solvente. À temperatura e pressão utilizadas, tanto o polímero como o monómero dissolvem-se nestes compostos, pelo que as reacções são verdadeiras polimerizações em solução. (Billmeryer, 2002). A polimerização do etileno tem lugar a alta pressão, utilizando o oxigénio como iniciador. Para além do oxigénio, outros iniciadores incluem peróxidos, hidroperóxidos e compostos azóicos. (Gowariker, et al, 1986).

O polietileno de baixa densidade é um sólido parcialmente cristalino que funde a 115°c, com uma densidade entre 0,91 e 0,94. É solúvel em muitos solventes a temperaturas superiores a 100°C, mas apenas algumas misturas de solventes proporcionam solubilidade à temperatura ambiente. (Billmeryer, 2002). A ramificação no polietileno de baixa densidade ocorre durante o processo de polimerização, quer por reacções de transferência de cadeia intermoleculares ou intramoleculares. (Gowariker, et al, 1986).

1.1.3 APLICAÇÕES DO POLIETILENO DE BAIXA DENSIDADE

O maior mercado para o PEBD é o mercado das películas, que representa cerca de 55% do consumo mundial e é utilizado principalmente em embalagens de produtos alimentares e não alimentares. As aplicações de embalagem de alimentos incluem o acondicionamento de carne e aves de capoeira, produtos lácteos, snacks e doces, sacos para alimentos congelados e produtos de padaria. É utilizado quando são necessárias películas de elevada transparência, tais como sacos de produtos alimentares e películas para panificação. Poucos materiais de película concorrentes têm a combinação desejável do polietileno de baixa densidade, flexibilidade sem plastificante, resiliência, elevada resistência ao rasgamento, resistência à humidade e aos produtos químicos e pouca tendência para a propagação de cortes ou fendas. (Billmeryer, 2002).

O sector do revestimento por extrusão é o segundo maior segmento de aplicação do polietileno de baixa densidade, representando 10% da procura. É utilizado para revestir produtos de papel e cartão para a embalagem de líquidos, como leite e sumos de fruta, e para proporcionar uma barreira à humidade em papel e tecido. É igualmente utilizado para o revestimento de folhas de alumínio para proporcionar uma camada de selagem térmica em estruturas de película multicamadas. O PEBD pode ser coextrudido com polietileno linear de baixa densidade (PEBDL) à base de metaloceno em barreiras de película multicamadas utilizadas em caixas de cartão para bebidas. As aplicações de películas de embalagem e não embalagem não alimentares incluem revestimentos industriais, películas extensíveis e retrácteis, sacos de vestuário, sacos comerciais, sacos de transporte, sacos para caixotes do lixo e sacos de lixo, folhas industriais e películas para construção e agricultura. O polietileno preencheu uma necessidade de longa data de um material que isolasse eficazmente os cabos eléctricos sem introduzir perdas eléctricas a altas frequências. A natureza não polar do polímero torna-o ideal para este fim. (Gowariker, et al, 1986).

As vantagens do PEBD como material de embalagem são: baixo custo, facilidade de processamento, transparência, flexibilidade, facilidade de selagem e as suas propriedades como barreira à humidade. O PEBD é classificado como um material semi-permeável devido à sua permeabilidade a produtos químicos voláteis (ou seja, produtos químicos que têm uma pressão de vapor moderada a elevada, tais como adesivos, vernizes, tintas e solventes). (www.ronz.org.nz).

1.1.4 ÓLEO DE SILICONE

O silicone é um produto químico fabricado pelo homem que é utilizado num número impressionante de indústrias e aplicações. É criado através da combinação do elemento natural silício com carbono, hidrogénio, oxigénio e vários outros elementos químicos para produzir os resultados desejados. As suas propriedades de alta qualidade, que lhe permitem ser utilizado onde outros produtos falham, fazem dele um produto valioso.

(www.silicon-silicone.com).

Foi descoberto formalmente pela primeira vez na década de 1930, mas foi dez anos mais tarde que ganhou o nome de silicone e começou a ser utilizado em muitas aplicações comerciais. Hoje em dia, aparece em tudo, desde utensílios de cozinha e brinquedos, a automóveis e champôs. Existem produtos de borracha de silicone, conjuntos de cozedura de silicone e até produtos de gel de silicone utilizados para pentear o cabelo. Uma área da produção de silicone que frequentemente confunde os consumidores é a diferença entre o óleo de silicone e a massa de silicone. O óleo de silicone é uma entidade muito distinta da gordura, embora ambos continuem a basear-se nas excelentes propriedades do próprio silicone. (Miyahara et al. 2006)

O óleo de silicone (siloxanos polimerizados com cadeias laterais orgânicas) é formado por uma espinha dorsal de átomos alternados de silício-oxigénio (...Si-O-Si-O-Si...), ou seja, siloxano, em vez de átomos de carbono (...C-C-C-C...). Outras espécies estão ligadas aos átomos de silício tetravalentes e não aos átomos de oxigénio divalentes que estão totalmente empenhados em formar a cadeia de siloxano. Um exemplo típico é o polidimetilsiloxano, em que dois grupos metilo se ligam a cada átomo de silício para formar (H_3C) $[Si\ (CH_3)_2O]_nSi(CH_3)_3$. O análogo de carbono seria um alcano, por exemplo, dimetilpropano C_5H_{12} ou $(H_3C)[C(CH_3)_2](CH_3)$. (mywikipedia.0co.us).

1.1.4.1 CARACTERÍSTICAS DO ÓLEO DE SILICONE

As caraterísticas do óleo de silicone incluem o seguinte:

a) Isolamento elétrico

b) Resistência ao fogo

c) Baixa tensão superficial. O fluido molha facilmente as superfícies para conferir caraterísticas de repelência à água e de libertação.

d) Estabilidade térmica e qualidades de transferência - tanto a quente como a frio

e) Não tóxico, o que significa que é seguro para aplicações pessoais, alimentares e médicas

f) Sem odor, sabor ou transferência química (Miyahara et al. 2006)

1.1.4.2 APLICAÇÕES DO ÓLEO DE SILICONE

Atualmente, existem várias indústrias e grupos que dependem em grande medida do óleo de silicone. Estas incluem indústrias de plástico e borracha, operações laboratoriais, instalações médicas, restaurantes, cervejeiros e destiladores, fabricantes de produtos farmacêuticos e até mesmo aqueles que possuem e utilizam armas de ar comprimido.

1) Como agente de libertação e plastificantes

Na indústria dos plásticos, é utilizado puro ou como parte de uma fórmula composta que proporciona uma libertação de moldes não tóxica e não carbonizante para borracha, plásticos e metal fundido. Actua também como plastificante para melhorar o fluxo e, por conseguinte, a processabilidade, e para reduzir a fragilidade do produto. Isto é conseguido através da redução da temperatura de transição vítrea abaixo da temperatura ambiente, conseguindo assim uma mudança nas propriedades de um sólido duro, quebradiço e vítreo para as de um material macio, flexível e resistente.

2) Como agente anti-espuma

Os fabricantes de produtos farmacêuticos também estão a aplicar os agentes anti-espuma do óleo de silicone nos seus produtos, mas estes são suplementos alimentares seguros destinados a servir como anti-flatulentos. São capazes de reduzir os sintomas de gases no sistema digestivo e são amplamente utilizados. Também a indústria alimentar procura o óleo de silicone pelas suas propriedades anti-espuma. Os destiladores, cervejeiros e qualquer pessoa que efectue fermentação numa grande base comercial ou industrial terá problemas se ocorrer uma formação excessiva de espuma. A simples adição de óleo de silicone reduz muito a hipótese de isto interromper o processo. Além disso, muitos restaurantes recorrem ao óleo de silicone para evitar que as fritadeiras façam espuma e salpicos. Não utilizam óleo de silicone puro no próprio equipamento, mas tal como fazem os destiladores e os fabricantes de cerveja, adicionam-no aos fluidos existentes.

3) Como estabilizador

Um laboratório utiliza óleo de silicone devido à sua excelente estabilidade térmica. Este facto é frequentemente utilizado em banhos de aquecimento utilizados durante experiências prolongadas. As propriedades não inflamáveis também garantem a máxima segurança, uma vez que a maioria dos cenários laboratoriais exigirá que o óleo de silicone seja aquecido por um queimador ou placa de aquecimento.

4) Em polimentos e especialidades químicas

É utilizado na maioria dos polimentos de automóveis e mobiliário pela sua facilidade de aplicação, alto brilho com um mínimo de fricção e película repelente de água duradoura. As instalações médicas dependem do óleo de silicone durante muitas operações e procedimentos oftalmológicos - a sua pureza permite-lhe substituir o fluido vítreo do olho que pode ser perdido devido a lesões ou à necessidade de reparação.

5) Como lubrificante

Por último, a popularidade das pistolas de ar comprimido e das instalações de paintball criou uma outra utilização alargada para o óleo de silicone, que diz respeito à lubrificação dos vedantes de gás. Os óleos e lubrificantes tradicionais podem degradar rapidamente os vedantes e as peças móveis do equipamento, mas o óleo de silicone não o faz. (Martin, 1997).

1.1.5 POLIETILENO DE ENXERTO DE ANIDRIDO MALEICO

O anidrido maleico (MA), que contém uma ligação dupla e um grupo anidrido, é utilizado em esquemas de polimerização de adição e de condensação. O enxerto de anidrido maleico em polietileno e polipropileno tem sido amplamente estudado. A investigação desde o início da década de 1960 mostrou que a polimerização ocorre utilizando radiação y e uv, iniciadores de radicais livres, bases de piridina e iniciação eletroquímica. O enxerto de anidrido maleico noutros polímeros, incluindo poli-(organofosfazenos), também foi investigado. Misturas de polímeros de polipropileno maleico, borracha de etileno-propileno e uma polieteramina ou misturas relacionadas produziram poliolefinas termoplásticas (TPO's) que são diretamente pintáveis (DeRoover et al 1996).

O anidrido maleico (MA) é adequado para enxertia em polietileno devido às suas caraterísticas de baixa reatividade. Geralmente, uma unidade de MA é ligada às espinhas dorsais do polímero. Pensa-se que a reação de enxerto começa com a abstração de hidrogénio pelo radical alcoxilo após a decomposição do iniciador de peróxido. O macro-radical de polietileno formado reage subsequentemente com o monómero de anidrido maleico. Os resultados experimentais mostraram que a unidade MA incorporada é predominantemente um único grupo de anidrido succínico devido à fraca capacidade de homopolimerização do monómero MA. Durante esta reação de enxerto de radicais livres, ocorrem também muitas reacções laterais. Por exemplo, os macro-radicais secundários formados sofrem uma reação de acoplamento para produzir um produto reticulado. Os pormenores do mecanismo de enxerto de MA em polietileno com iniciador de peróxido podem ser encontrados em vários relatórios. (Yang 2002).

O polietileno de enxerto de anidrido maleico pode ser um material polar para melhorar a ligação com os materiais não polares e a compatibilidade da ponte. Quando são utilizados como agentes de acoplamento, formam uma ligação forte com o material de enchimento e a matriz polimérica, ligando ou acoplando os dois. Os efeitos de acoplamento são sobrepostos aos efeitos de não acoplamento. Os principais efeitos do acoplamento são, nomeadamente, nas propriedades do composto. Aparece como um carácter de polietileno e partículas de resina de fluxo livre. Forte adesão carga/polímero, redução do branqueamento por tensão e aumento da resistência, redução do alongamento na rutura e da resistência ao impacto, que é frequentemente melhorada, mas pode não ser afetada ou ser mesmo reduzida em alguns casos. (Xanthos, 2010).

$$MAH + LDPE \rightarrow LDPE\text{-}g\text{-}MAH$$

Equação de enxerto de anidrido maleico em polietileno

1.1.51 APLICAÇÕES DO POLIETILENO DE ENXERTO DE ANIDRIDO MALEICO

As aplicações do polietileno de enxerto de anidrido maleico incluem:

- Metal adesivo co-extrudido de poliolefina e nylon, etc.
- Sistema polietileno/nylon, agentes de compatibilidade, nylon de endurecimento.
- Material de enchimento inorgânico e polietileno para melhorar o acoplamento entre os pigmentos inorgânicos e orgânicos, os retardadores de chama e o acoplamento entre os polietilenos. (Heinen et al 1996).

1.1.6 ENCHIMENTOS E REFORÇOS

As cargas são utilizadas nos polímeros por várias razões: redução de custos, melhor processamento, controlo da densidade, efeitos ópticos, controlo da expansão térmica, propriedades eléctricas, propriedades magnéticas, retardador de chama e propriedades mecânicas melhoradas, como a dureza e a resistência ao rasgamento. Por exemplo, em aplicações de cabos, são utilizadas cargas como a metacaolinite para proporcionar uma melhor estabilidade eléctrica, enquanto outras, como o trihidrato de alumina, são utilizadas como retardadores de chama. (Bolgar, et al, 2008)

Cada tipo de carga tem propriedades diferentes e estas, por sua vez, são influenciadas pelo tamanho, forma e química da superfície das partículas. As caraterísticas da carga são discutidas desde os custos até à morfologia das partículas. A área de superfície específica das partículas e o empacotamento são aspectos importantes. A carga de carga também é crítica e este aspeto é discutido. Os principais tipos de carga são descritos. Estes incluem o negro de fumo, as cargas minerais naturais e as cargas minerais sintéticas. Os negros de fumo são cargas muito importantes, especialmente na indústria da borracha.

A modificação da superfície da carga é um tópico importante. A maioria das cargas particuladas são inorgânicas e polares, o que pode dar origem a uma má compatibilidade com polímeros de hidrocarbonetos e problemas de processamento, entre outros efeitos. São descritos os principais tipos de agentes modificadores e as suas utilizações, desde ácidos gordos a polímeros funcionalizados.

As cargas também são discutidas em relação a diferentes tipos de polímeros. Por exemplo, no PVC flexível, devido ao plastificante, a carga tem pouco efeito no processamento. Este facto permite a incorporação de níveis de carga relativamente elevados. É necessário um equilíbrio entre a dimensão das partículas, a estrutura da superfície e a eficiência da dispersão para obter o melhor e mais uniforme desempenho de um composto de polímero. Muitos aditivos inorgânicos são primeiro secos a alta temperatura para separar a água de hidratação. Isto evita a libertação de humidade durante a composição e a ligação cruzada. A humidade produz vazios e inibe frequentemente a cura adequada (Bolgar, et al, 2008).

Os termoplásticos têm frequentemente propriedades físicas que são inerentemente bem adaptadas a uma determinada aplicação. Neste caso, a adição de materiais inorgânicos é pouco necessária. Os aditivos inorgânicos são muito úteis para melhorar a força física e a resistência à deformação dos termoplásticos. Funcionam através da formação de uma rede de pontos de fixação no polímero, impedindo o deslizamento das cadeias de polímero sob tensão mecânica. (Bolgar, et al, 2008)

O reforço melhora ou reforça as propriedades mecânicas da matriz. Na maioria dos casos, o reforço é mais duro, mais forte e mais rígido do que a matriz, embora existam algumas excepções. (Ski, 1970). A geometria da fase de reforço é um dos principais parâmetros na determinação da eficácia do reforço, uma vez que as propriedades mecânicas dos compósitos são uma função da forma e das dimensões do reforço. O reforço é geralmente fibroso ou particulado. Os reforços particulados têm dimensões que são aproximadamente iguais em todas as direcções. A forma das partículas de reforço pode ser esférica, cúbica, plaquetária ou qualquer geometria regular ou irregular. Um reforço fibroso é caracterizado pelo facto de o seu comprimento ser muito superior à sua dimensão transversal. No entanto, a relação entre o comprimento e a dimensão da secção transversal, conhecida como relação de aspeto, pode variar consideravelmente. Nos compósitos de camada única, as fibras longas com rácios de aspeto elevados dão origem ao que se designa por compósitos reforçados com fibras contínuas, enquanto os compósitos de fibras descontínuas são fabricados utilizando fibras curtas de baixo rácio de aspeto. A orientação das fibras descontínuas pode ser aleatória ou preferencial. A orientação preferencial frequentemente encontrada no caso de compósitos de fibras contínuas é denominada unidirecional (Matthews e Rawlings, 2002).

1.1.7 HISTORIAL DOS MATERIAIS DE ENCHIMENTO UTILIZADOS

1.1.7.1 RESÍDUOS DE PAPEL (PAPEL DE JORNAL)

O processo de reciclagem de papel gera uma fonte de resíduos, uma vez que o papel recolhido para reciclagem é limpo até atingir a qualidade necessária para o fabrico de papel. O material residual contém um elevado teor de fibras de papel, limpo de rejeitos, e vários tipos e proporções de contaminantes que não são papel, dependendo da fonte de recolha. Estes resíduos são reintroduzidos na lixeira de recolha de resíduos sólidos urbanos, que, como se observou, são atualmente eliminados através de aterro ou incineração, uma vez que não têm outra utilização prática. (Hamm, 2000).

Os resíduos de papel como material de enchimento para um compósito polimérico representam uma fonte de fibras de baixa qualidade e baixo custo em comparação com os materiais de enchimento utilizados nos compósitos de polímeros de madeira convencionais, uma vez que provêm diretamente do fluxo de resíduos do processo de reciclagem de papel, enquanto a maioria dos compósitos de polímeros de madeira utiliza fontes dedicadas de fibras de madeira limpas. As fibras de papel são significativamente variadas, uma vez que os Resíduos de Papel Reciclado são uma coleção de muitos produtos de papel diferentes produzidos a partir de muitas fontes diferentes.

No processo de produção de papel reciclado, os volumes de resíduos de papel reciclado produzidos são diretamente proporcionais à quantidade de papel reciclado e à eficiência da recuperação. A tendência geral na Austrália e em todo o mundo, a partir da década de 1990, tem-se assistido a uma crescente sensibilização do público para os benefícios da reciclagem, resultando em elevadas taxas de recuperação, particularmente na Austrália. (Stafford, 1998).

O papel é produzido a partir de farinhas de madeira, sendo que as farinhas de madeira fazem parte de um grupo mais vasto de fibras naturais que são essencialmente materiais compostos de celulose rígida numa matriz de lenhina macia. As composições gerais das farinhas de madeira são a celulose (44 a 50 %), a lenhina (16 a 33 %), os extractivos (5 a 10 %) e a hemicelulose (20 a 25 %) (Rizvi et al., 2003).

No caso da madeira, a celulose fornece a resistência a partir de um polímero linear rígido composto por unidades de glucose P-D, enquanto a lenhina é um polímero altamente reticulado de unidades de fenilpropano substituídas e actua como matriz. Além disso, a hemicelulose fornece um reforço adicional à celulose e é composta por polímeros ramificados de galactose, glucose, manose e xilose (Zadorecki, 1989).

As fibras de celulose utilizadas no fabrico de papel possuem as seguintes dimensões estruturais: 10 a 50% de vazio, 1mm de comprimento por 25 *y.m* por 5 *y.m* com uma densidade colapsada de 1,5 g/cm3 (Dodson e Herdman, 1980). A densidade das farinhas de madeira utilizadas no papel foi registada por Glomb e Mulligan como sendo de 1,5 g/cm^3 para o kraft de pinho não branqueado e 1,45 g/cm3 para o kraft de abeto, enquanto que, como material compósito, a densidade dos materiais é registada como sendo muito inferior, de 0,6 g/cm3 para o papel de jornal, o kraft linerboard a 0,72 g/cm^3 e a madeira de carvalho a 0,6 g/cm^3 (Glomb e Mulligan, 1989). As propriedades típicas das fibras de celulose são apresentadas no Quadro 1.1.

Quadro 1.1 Propriedades típicas das fibras de celulose (Wypych, 2000)

Imóveis	**Valor**
Formulação química	$(C_6H_{10}O_5)n$
Teor de celulose	45 - 99.6 %
Oligoelementos	Pb - 10 ppm, As - 1 ppm
Densidade	1-1,1 g/cm^3
Ponto de Char	290°C
Perda na ignição	0.3-25%
Temperatura máxima durante a utilização	200°C
Teor de humidade	2-10%
Humidade absorvida	420-1000%
Teor de cinzas	0.13 - 0.4%
Tamanho dos poros	100 Å (toma nota apenas dos polímeros com Mw < 10 000)
Comprimento da fibra	22-290 μm
Absorção de óleo	300-100 g/100g
Área de superfície específica	1 m^2 /g (estado seco) ou 100-200 m^2 /g (estado húmido)
Diâmetro da fibra	5-30 μm
Rácio de Poisson	0,3 no estado vítreo

As preocupações ambientais continuam a obrigar à investigação sobre a substituição de materiais sintéticos por uma variedade crescente de fibras naturais. A família das fibras de celulose tem sido alvo de um enorme interesse como cargas para utilização como reforço de compósitos. Algumas destas fibras são obtidas através do processamento de resíduos agrícolas, industriais ou de consumo. Por exemplo, os papéis reciclados e os produtos de papel usados são reconhecidos como uma das fontes de fibras de celulose. A eficiência dos compósitos reforçados com fibras depende da interface fibra-matriz e da capacidade de transferir tensões da matriz para a fibra (Raj e Kokta, 1989).

1.1.7.2 COLA AMARGA *(GARCINIA KOLA)*

As sementes de kola amarga *(Garcinia kola)* têm uma forma elíptica lisa, com polpa amarela e revestimento de sementes castanho. *A Garcinia kola* tem valor económico nos países da África Ocidental, onde as sementes são habitualmente mastigadas e utilizadas em cerimónias tradicionais. As sementes também são utilizadas na medicina popular, em muitas formulações à base de plantas e têm potenciais benefícios terapêuticos devido, em grande parte, à atividade dos seus flavonóides e outros compostos bioactivos (Akintonwa e Essien, 1990).

As árvores são abundantes em áreas densamente povoadas de florestas naturais e secundárias onde o sistema predominante de uso da terra é a plantação de árvores. Os principais locais onde o produto se encontra em estado selvagem são as reservas florestais e as zonas livres das florestas tropicais (Aiyelaagbe *et al.* 1996), ou é plantado ou conservado em explorações agrícolas de plantações de palma, cacau e inhame (Adebisi 2004). Estas duas regiões de cultivo encontram-se em zonas de baixa altitude com uma precipitação anual de 2.000 a 2.500 mm, temperaturas de 21 - 32 °C e uma humidade relativa mínima de 76% (Ntamag, 1997). Para além de ser um estimulante, a noz *de Garcinia* tem um sabor amargo, adstringente e resinoso quando mastigada, e é frequentemente utilizada como afrodisíaco. É muito apreciada pelos seus atributos medicinais e o facto de o consumo de grandes quantidades não provocar indigestão (como acontece com as nozes de cola) faz dela um produto muito desejado (Adebisi, 2004). O comércio *da Garcinia* é tão importante na Nigéria como o da noz de cola *(Cola nitida* e *C. acuminata)* nas principais cidades do sul do país, onde a árvore cresce. O comércio interno estende-se para além das zonas de produção meridionais, abrangendo as zonas setentrionais do país.

A árvore de cola amarga caracteriza-se por uma taxa de crescimento lenta. Encontraram-se sempre dificuldades ao tentar criar as suas plântulas em viveiros, e a árvore tem um longo período de gestação antes da floração e da frutificação (Adebisi, 2004). Este facto desencorajou os agricultores de a cultivarem. Contudo, muitas das dificuldades de germinação foram ultrapassadas através de métodos desenvolvidos por Okafor (1998), e está a desenvolver-se o interesse em cultivar a árvore em plantações. Tendo isto em mente, Ladipo (1995) desenvolveu valores projectados da produção, indicando que uma árvore fruteiras madura produz anualmente 85 a 1.717 frutos, com 208 a 6.112 sementes. Tomando a média destes valores como 834 frutos e 2.627 frutos secos por árvore, Ladipo projectou uma produção frutífera de 26 toneladas por hectare por ano, com 278 árvores por hectare plantadas num espaçamento de 6 m x 6 m. A frutificação começa em julho e termina em outubro. As colheitas de frutos continuam de forma intermitente, uma vez que os frutos maduros caem e são depois recolhidos para a extração das sementes. O fruto é amarelo-avermelhado, com cerca de 6 cm de diâmetro, e cada fruto contém duas a quatro sementes castanhas embebidas numa polpa cor de laranja (Ladipo, 1995).

Também foi comunicada a utilização potencial da *Garcinia kola* em operações de fabrico de cerveja como substituto do lúpulo no fabrico de cerveja lager. O extrato de bitter kola foi obtido através da ebulição de cem gramas de bitter kola em pó em trezentos mililitros de água durante 30 minutos, peneirado e concentrado com um evaporador rotativo até cem mililitros antes de ser utilizado. (Dosunmu e Johnson, 1995).

Embora tenha havido um interesse considerável nos compostos bioactivos da semente *de Garcinia kola*, principalmente do ponto de vista medicinal, existem poucos relatórios sobre a composição química desta semente e da sua casca, com vista a investigar as suas potencialidades do ponto de vista nutricional. (Dosunmu e Johnson, 1995).

Quadro 1.2 Composição proximal e elementar de Bitter kola

(Eleyinmi, *et al* 2006)

Composição Proximal (g/kg, dwb)		
	Cola amarga	
Componente	**Semente**	**Casco**
Teor de humidade	97.31	95.43
Proteína bruta	39.52	99.92
Extrato lipídico	43.25	42.91

Cinzas	11.42	18.62
Fibra bruta	114.02	153.44

Composição elementar (g/kg, dwb)		
	Cola amarga	
Componente	**Semente**	**Casco**
Carbono	434.11	452.62
Nitrogénio	7.52	15.61
Hidrogénio	64.12	51.72
Enxofre	1.42	2.82
Oxigénio (por diferença)	492.83	477.23

Onde dwb:

Base de peso seco

1.1.8 SELECÇÃO DA MATRIZ

Para este projeto, é estudado um único tipo de matriz, com o objetivo de fornecer um valor de referência para uma vasta gama de investigações das propriedades do material compósito. A partir da potencialmente vasta gama de materiais poliméricos disponíveis para utilização como matriz, foram identificados vários critérios de seleção para escolher o polímero. Os critérios de seleção utilizados para escolher a matriz polimérica basearam-se em:

- A produção do compósito evita a degradação térmica do material de enchimento, que se inicia a temperaturas próximas dos 200°C.
- Disponível em quantidades suficientes com baixo valor económico.

- Possui outras propriedades vantajosas, tais como uma aderência relativamente boa com o material de enchimento e uma forma que pode ajudar no processamento.

O polipropileno não foi considerado para o estudo devido às dificuldades de abastecimento de grandes volumes e às dificuldades de processamento devido à elevada temperatura de fusão quando combinado com uma mistura de papel e kola amarga, que poderia ser menos estável do ponto de vista térmico. O ponto de fusão do Polietileno de Baixa Densidade é bastante inferior aos limites de degradação térmica do material de enchimento à base de papel e é recolhido em volumes suficientes, representando a maior parte das recolhas de plástico reciclado, pelo que foi identificado para ser utilizado no estudo.

1.1.9 ADESÃO INTERFACIAL DA MATRIZ DE ENCHIMENTO

A ligação química entre as fases é uma propriedade específica do material da interação química do material de enchimento, incluindo os contaminantes, e a matriz. A ligação entre as fases será um fator que regula o grau de transferência de tensão da matriz para o material de enchimento. A transferência de tensões entre as fases é importante; para qualquer reforço da matriz complacente, deve haver transferência de tensões através da interfase, uma vez que o material de enchimento é tipicamente mais forte e mais rígido, pelo que, para suportar parte da carga, deve ser capaz de resistir através da interfase. (Shenoy, 1999)

Para conseguir uma boa ligação global, é necessário, em primeiro lugar, que haja uma boa dispersão da carga na matriz para assegurar que as cargas são adequadamente molhadas. Os factores que afectam a ligação são as superfícies e a geometria da carga, a presença de aglomerados e a presença de tensões térmicas. A geometria do material de enchimento está relacionada com a ligação através da área de superfície que define a área em que a ligação pode ocorrer e é uma função do tamanho, forma e porosidade dos materiais de enchimento. A área de superfície disponível para a ligação no material de enchimento é significativamente reduzida pela presença de aglomerados no material de enchimento, em que as áreas potencialmente acessíveis para a ligação polímero/carga são ocupadas pelo contacto entre as cargas. (Myers et al., 1991) A rugosidade da superfície afecta a adesão, definindo a quantidade de ligação mecânica entre as fases. (Shenoy, 1999)

Um outro fator que afecta a ligação são as tensões residuais internas que são geradas dentro do compósito a partir do processo de formação. As tensões residuais térmicas são desenvolvidas quando os diferentes coeficientes de expansão térmica das fases resultam em diferentes deformações após o arrefecimento. (Arridge, 1991) observa que as tensões térmicas em compósitos de polímeros com enchimento são significativas, uma vez que os polímeros têm coeficientes de expansão térmica carateristicamente elevados em comparação com o enchimento, o que resulta em tensões internas potencialmente grandes. De acordo com Nielson, as tensões térmicas resultam tipicamente na compressão da matriz sobre o material de enchimento, aumentando assim a ligação por fricção e impedindo o movimento entre as fases. (Nielson, 1974).

1.1.10 CLASSIFICAÇÃO DOS MATERIAIS COMPÓSITOS

Dependendo do tipo de materiais de matriz utilizados, os materiais compósitos podem ser classificados em três categorias, tais como compósitos de matriz metálica, compósitos de matriz polimérica e compósitos de matriz cerâmica. Cada tipo de material compósito é adequado para diferentes aplicações. O material de matriz mais comummente utilizado nos materiais compósitos é o polímero. A razão para este facto tem duas vertentes. Em primeiro lugar, a sua resistência e rigidez são baixas em comparação com a cerâmica e o metal e estas deficiências são ultrapassadas através do reforço de outros materiais com polímeros. (Soumya Ranjan Sethy, 2001).

1.1.10.1 TIPOS DE COMPÓSITOS

Os compósitos podem ser agrupados em categorias com base na natureza da matriz que cada tipo possui. Os métodos de fabrico também variam de acordo com as propriedades físicas e químicas das matrizes e das fibras de reforço.

(a) Compósitos de matriz metálica (MMCs)

Os compósitos de matriz metálica, como o nome indica, têm uma matriz metálica. Exemplos de matrizes neste tipo de compósitos incluem o alumínio, o magnésio e o titânio. As fibras típicas incluem o carbono e o carboneto de silício. Os metais são reforçados principalmente para satisfazer as necessidades do projeto. Por exemplo, a rigidez elástica e a resistência dos metais podem ser aumentadas, enquanto o grande coeficiente de expansão térmica e as condutividades térmica e eléctrica dos metais podem ser reduzidas pela adição de fibras como o carboneto de silício.

(b) Compósitos de matriz cerâmica (CMCs)

Os compósitos de matriz cerâmica têm uma matriz cerâmica, como alumina, cálcio, silicato de alumina, reforçada por carboneto de silício. As vantagens do CMC incluem elevada resistência, dureza, limites de temperatura de serviço elevados para a cerâmica, inércia química e baixa densidade. Naturalmente resistentes a altas temperaturas, os materiais cerâmicos têm tendência a tornar-se frágeis e a fraturar. Os compósitos fabricados com sucesso com matrizes cerâmicas são reforçados com fibras de carboneto de silício. Estes compósitos oferecem os mesmos elevados

tolerância à temperatura das superligas, mas sem uma densidade tão elevada. A natureza frágil da cerâmica dificulta o fabrico de compósitos. Normalmente, a maioria dos procedimentos de produção de CMC envolve materiais de partida em forma de pó. Existem quatro classes de matrizes cerâmicas: vidro (fácil de fabricar devido às baixas temperaturas de amolecimento, incluindo borossilicato e silicatos de alumina), cerâmicas convencionais (carboneto de silício, nitreto de silício, óxido de alumínio e óxido de zircónio são totalmente cristalinos), cimento e componentes de carbono betonados. (Sanjay Kindo, 2010).

(c) Compósitos de matriz polimérica (PMCs)

Os compósitos avançados mais comuns são os compósitos de matriz polimérica. Estes compósitos são constituídos por um polímero termoplástico ou termoendurecível reforçado por fibras (naturais de carbono ou boro). Estes materiais podem ser moldados numa variedade de formas e tamanhos. Proporcionam grande resistência e rigidez, bem como resistência à corrosão. A razão pela qual são mais comuns é o seu baixo custo, elevada resistência e princípios de fabrico simples. Devido à baixa densidade dos constituintes, os compósitos poliméricos apresentam frequentemente excelentes propriedades específicas. (Sanjay Kindo, 2010).

1.1.10.2 VANTAGENS DOS MATERIAIS COMPÓSITOS

Os compósitos têm muitas vantagens de engenharia em relação aos polímeros e copolímeros sintéticos.

Algumas destas vantagens são:

a) O reforço da resina resulta num aumento da resistência à tração, da resistência à flexão, da resistência à compressão, da resistência ao impacto, da rigidez e da combinação destas propriedades.

b) Maior estabilidade de tamanho.

c) Retardador de fogo melhorado.

d) Proteção contra a corrosão.

e) Melhoria das propriedades eléctricas; redução da constante dieléctrica.

f) Colorir.

g) Processamento melhorado; viscosidades controladas, boa mistura, orientação controlada das fibras. (Hatsuo Ishida, 1980).

1.1.10.3 APLICAÇÕES DE COMPÓSITOS POLIMÉRICOS

As vantagens dos materiais compósitos impulsionaram o crescimento de novas aplicações em mercados como os transportes, a construção, a resistência à corrosão, o sector marítimo, as infra-estruturas, os produtos de consumo, o sector elétrico, as aeronaves e o sector aeroespacial, bem como os electrodomésticos e o equipamento comercial. As vantagens da utilização de materiais compósitos incluem:

a. Elevada resistência - Os materiais compósitos podem ser concebidos para satisfazer os requisitos de resistência específicos de uma aplicação. Uma vantagem distinta dos materiais compósitos em relação a outros materiais é a capacidade de utilizar muitas combinações de resinas e reforços e, por conseguinte, personalizar as propriedades mecânicas e físicas de uma estrutura.

b. Peso leve - Os compósitos são materiais que podem ser concebidos para serem leves e altamente resistentes. De facto, os compósitos são utilizados para produzir as estruturas com maior relação resistência/peso conhecidas pelo homem.

c. Resistência à corrosão - Os produtos compósitos oferecem resistência a longo prazo a ambientes químicos e de temperatura severa. Os compósitos são o material de eleição para exposição ao ar livre, aplicações de manuseamento de produtos químicos e serviço em ambientes severos.

d. Flexibilidade de conceção - Os materiais compósitos têm uma vantagem sobre outros materiais porque podem ser moldados em formas complexas a um custo relativamente baixo. A flexibilidade da criação de formas complexas oferece aos projectistas uma liberdade que caracteriza as realizações dos compósitos.

e. Durabilidade - As estruturas compósitas têm uma vida útil extremamente longa. Juntamente com os baixos requisitos de manutenção, a longevidade dos compósitos é uma vantagem em aplicações críticas. Num meio século de desenvolvimento de materiais compósitos, as estruturas compósitas bem concebidas ainda não se desgastaram.

A investigação e o desenvolvimento de materiais têm-se centrado na procura de materiais que satisfaçam os requisitos de serviço em diferentes condições de aplicação.

Este facto conduziu à evolução de diferentes tipos de misturas, combinações, materiais reforçados com ligas e compósitos. (Ashby e Jones, 1998). O processamento de compósitos de matriz polimérica não requer alta pressão e alta temperatura. Por estas razões, os compósitos de matriz polimérica estão a desenvolver-se rapidamente e em breve se tornarão populares para aplicações estruturais.

1.2 DECLARAÇÕES DE PROBLEMAS

Os resíduos de papel (papel de jornal) constituem agora um resíduo, uma vez que as indústrias de papel estão a fechar devido ao recente colapso económico e ao elevado custo de produção. Verifica-se uma tendência para o aumento do custo da deposição em aterro devido à limitação dos locais de deposição e ao aumento dos custos de construção e de exploração para reduzir o impacto no ambiente. Além disso, à medida que os locais de deposição se afastam dos locais onde os resíduos são produzidos, o custo da deposição em aterro aumenta com o custo do transporte. A tentativa dos organismos governamentais de reduzir a quantidade de aterros aumentou ainda mais a necessidade de encontrar alternativas à eliminação.

A noz *de Garcinia* tem um sabor amargo, adstringente e resinoso quando mastigada, e é frequentemente utilizada como afrodisíaco. É muito apreciada pelos seus atributos medicinais e o facto de o consumo de grandes quantidades não provocar indigestão faz dela um produto muito desejado. No entanto, a cola amarga, após a extração do sumo para fins medicinais e para substituir o lúpulo nas indústrias cervejeiras, transforma-se em palha e resíduos.

A necessidade de melhorar as caraterísticas de desempenho dos materiais poliméricos nas suas diversas aplicações está a envolver engenheiros e cientistas em actividades de investigação. A exigência crescente de construções leves e os desempenhos insatisfatórios dos metais tradicionais e dos materiais de engenharia convencionais, especialmente na sua incapacidade de responder positivamente aos estímulos ambientais, num ambiente exigente, tornaram inevitável a procura do desenvolvimento de materiais alternativos. Este facto conduziu à evolução de diferentes tipos de materiais reforçados e compósitos. Assim, os engenheiros de polímeros de todo o mundo são agora confrontados com o desafio de fabricar novos materiais que substituam os metais do ponto de vista económico e mantenham a sua integridade mecânica. Esses materiais compósitos poliméricos alternativos que estão a ser procurados facilitariam a realização de algumas aplicações de engenharia que são simplesmente difíceis de alcançar com os materiais convencionais existentes.

1.3 OBJECTIVOS

Os objectivos deste projeto são:

a) Preparar compósitos de Polietileno de Baixa Densidade utilizando resíduos de papel (papel de jornal) e kola amarga como cargas.

b) Desenvolver uma nova classe de compósitos poliméricos à base de cargas naturais; assim, explorar outras potencialidades da kola amarga.

c) Avaliar as propriedades mecânicas - resistência à tração, alongamento na rutura, alongamento na cedência, módulo de elasticidade, teste de energia de impacto e teste de dureza dos resíduos de polietileno de baixa densidade preenchidos com fibra de papel/cola amarga em diferentes fracções de volume.

d) Estudar a influência dos tratamentos de polietileno de enxerto de anidrido maleico (MAPE) no comportamento mecânico de compósitos de polietileno de resíduos de fibra de papel/cola amarga.

1.4 JUSTIFICAÇÃO DO ESTUDO

Espera-se que o sucesso deste trabalho de investigação ajude a reduzir a taxa de eliminação do papel de jornal e a aumentar as suas potenciais utilizações.

Criará também uma nova aplicação da kola amarga. A cola amarga só é conhecida pela sua utilização no domínio da medicina tradicional. A investigação mostra que está agora a ser utilizada para substituir o lúpulo tradicional na indústria cervejeira. No entanto, isto implica a extração dos componentes resinosos e dos óleos essenciais, tornando o resíduo um desperdício e um tema para este estudo.

Criará um novo material compósito feito de cola amarga como material de enchimento e polietileno de baixa densidade como matriz.

1.5 ÂMBITO DO ESTUDO

O trabalho limita-se a:

- A preparação e a caraterização dos materiais a utilizar como cargas na investigação.
- Composição e fabrico dos compósitos utilizando a técnica de moldagem por injeção.
- São efectuados ensaios como os de tração, impacto e dureza para identificar as suas propriedades mecânicas.

CAPÍTULO 2

2.0 REVISÃO DA LITERATURA

Os compósitos de polímeros têm continuado a atrair o interesse dos investigadores devido às vantagens inerentes à sua utilização. Os benefícios, que são a facilidade de processamento e a produtividade, as propriedades mecânicas melhoradas, podem alterar significativamente as propriedades do polímero de base, resultando num material compósito de baixo custo com propriedades potencialmente muito úteis.

As propriedades mecânicas de um compósito reforçado com carga dependem de muitos parâmetros, tais como a resistência, o módulo e a orientação da carga, para além da resistência da ligação interfacial carga-matriz. Uma ligação forte entre a matriz e o material de enchimento é fundamental para as elevadas propriedades mecânicas dos compósitos. É necessária uma boa ligação interfacial para a transferência efectiva de tensões da matriz para o material de enchimento, o que permite a utilização máxima da força do material de enchimento no compósito. (Karnani, et at. 1997).

As propriedades mecânicas de um polímero preenchido são também uma função de numerosos factores, incluindo o volume, a forma e o tamanho do material de enchimento, as propriedades plásticas, a ligação entre o polímero e a fase de enchimento e as propriedades do material de enchimento. Os compósitos de polímeros com carga podem ser classificados em reforçados de forma contínua ou descontínua. Os compósitos reforçados de forma contínua referem-se aos que têm um reforço contínuo ao longo do comprimento do produto final, tal como é habitualmente utilizado nos compósitos reforçados com fibra de vidro ou de carbono, em que os fios contínuos estão alinhados ao longo do percurso e as fibras suportam diretamente a carga (Richardson, 1977).

Os compósitos reforçados descontínuos referem-se aos compósitos em que a dimensão do material de enchimento é significativamente inferior à dimensão da peça final e em que o material de enchimento fornece reforço através da matriz. Os compósitos de polímeros com enchimento descontínuo podem ainda ser classificados como compósitos reforçados com partículas e compósitos reforçados com fibras curtas, que têm diferentes caraterísticas de tamanho e reforço. Os compósitos reforçados com fibras curtas são aqueles com cargas que têm uma forma com um rácio de aspeto materialmente superior à unidade, mas não são suficientemente longos para serem definidos como uma fibra de reforço contínua.

A modificação do material de enchimento também melhora a resistência à degradação da interface induzida pela humidade e as propriedades do compósito. (Joseph, et al. 2000). Além disso, factores como as condições/técnicas de processamento têm uma influência significativa nas propriedades mecânicas dos compósitos reforçados com fibras. (George, et al. 2001)

Foram efectuadas várias investigações sobre vários tipos de cargas, tais como pó de madeira, casca de arroz, casca de banana, bambu, kenaf, cânhamo, linho e juta, para estudar o efeito destas cargas nas propriedades mecânicas dos materiais compósitos (Gowda, et al. 1999)

No entanto, Mansur e Aziz estudaram compósitos de cimento reforçados com malha de bambu e concluíram que este material de reforço podia melhorar a ductilidade e a tenacidade da matriz de cimento e aumentar significativamente as suas resistências à tração, à flexão e ao impacto. Por outro lado, os compósitos de poliéster reforçados com tecido de juta foram testados para a avaliação das propriedades mecânicas e comparados com o compósito de madeira, tendo-se verificado que o compósito de fibra de juta tem melhores resistências do que os compósitos de madeira. (Mansur e Aziz, 1983).

A informação sobre a utilização de fibras de bananeira em polímeros de reforço é limitada na literatura. Na análise mecânica dinâmica, os investigadores que utilizaram compósitos de poliéster reforçados com fibra de bananeira descobriram que o teor ótimo de fibra de bananeira é de 40%. (Laly, et al. 2003) As propriedades mecânicas dos compósitos de cimento-fibra de bananeira foram investigadas física e mecanicamente, tendo sido referido que o compósito de fibra de bananeira despolpada Kraft tem boa resistência à flexão. (Corbiere-Nicollier et al. 2001)

Além disso, foi estudado um compósito de poliéster reforçado com fibras curtas de bananeira; o estudo concentrou-se no efeito do comprimento e do teor de fibras. A resistência máxima à tração foi observada a 30 mm de comprimento da fibra, enquanto a resistência máxima ao impacto foi observada a 40 mm de comprimento da fibra. A incorporação de 40% de fibras não tratadas proporciona um aumento de 20% na resistência à tração e um aumento de 34% na resistência ao impacto. (Pothan et al. 1997). Foram investigados ensaios de fibra de bananeira e fibra de vidro com diferentes comprimentos de fibra e conteúdo de fibra. (Joseph et al. 2002).

Foram estudados os efeitos do tratamento químico nas propriedades mecânicas dinâmicas e de tração de compósitos de polietileno de baixa densidade reforçados com fibras curtas de sisal. Observou-se que o tratamento com o derivado cardanol do tolueno diisocianato (CTDIC) reduziu a natureza hidrofílica da fibra de sisal e melhorou as propriedades de tração dos compósitos sisal-LDPE. O trabalho constatou que os compósitos reforçados com fibras tratadas com peróxido e permanganato apresentaram um aumento das propriedades de tração. Concluíram que, com um tratamento adequado da superfície da fibra, as propriedades mecânicas e a estabilidade dimensional dos compósitos de sisal-EBD podem ser melhoradas. (Joseph e Thomas, 1993).

Foram investigados compósitos poliméricos contendo poeiras residuais da produção de energia. Os polímeros, poliéster insaturado (UP) e poliestireno de alto impacto (HIPS), encontram-se num sistema multifásico disperso em que a resina de poliéster serve como meio disperso e o HIPS, as partículas dos resíduos activados mecanicamente, serve como fase dispersa. A morfologia e as propriedades dos compósitos dependem da separação de fases e dos processos de adsorção selectiva que ocorrem na fronteira entre a fase polimérica e a superfície sólida.

A investigação mostrou que o tratamento mecânico influenciou o tamanho das partículas para uma distribuição de tamanho maior. A análise fraccionada dos resíduos mostrou que a quantidade de partículas de maior tamanho (>500 μm) diminuiu e a quantidade de partículas mais pequenas (<45 μm) aumentou. A distribuição do tamanho das partículas de tamanho médio (entre 125 e 500 μm) tornou-se mais uniforme à medida que a quantidade da fração 125 ÷ 250 μm diminuiu e a de 250 ÷

500 μm aumentou.

O seu trabalho indicava também que o:

- As inclusões de aditivos poliméricos aumentaram as resistências ao impacto e à flexão, e diminuíram a resistência à compressão.

- A ativação mecânica dos resíduos não tem impacto na sua composição química, mas altera a distribuição do tamanho das partículas para uma menor homogeneidade.

- O aumento da quantidade de resíduos causou uma queda nos valores de resistência à flexão e à compressão. Este efeito é marcado em concentrações de resíduos superiores a 10% em peso, em que houve sedimentação das partículas de enchimento, o que resultou num gradiente de composição e de propriedades. (Milena Koleva et al. 2007).

A procura de meios e métodos para melhorar as propriedades e o processamento da borracha remonta a mais de um século. Uma forma de conseguir este prolongamento da vida útil da borracha é a incorporação de aditivos na matriz polimérica. Os aditivos são materiais que, quando incorporados numa base polimérica, ajudam a garantir um processamento fácil, reduzem o custo do produto e melhoram as propriedades de serviço (Ski, 1970).

Os diferentes tipos de aditivos utilizados na transformação da borracha em produtos incluem: agentes de vulcanização, aceleradores, activadores, anti-degradantes, enchimentos, amaciadores, espessantes, sensibilizadores de gel, corantes, etc. (Okieimen e Imanah, 2003)

O mecanismo de reforço de elastómeros por cargas foi revisto por vários trabalhadores.

Estes consideraram que o efeito da carga consiste em aumentar o número de cadeias que partilham a carga de uma cadeia de polímero quebrada. Sabe-se que, no caso do elastómero vulcanizado com carga, a eficiência do reforço depende de uma interação complexa de vários parâmetros relacionados com a carga. Estes incluem a dimensão das partículas, a forma das partículas, a dispersão das partículas, a área de superfície, a reatividade da superfície, a estrutura do material de enchimento e a qualidade da ligação entre o material de enchimento e a matriz de borracha. (Brennan e Jermyn, 1965)

Na indústria da borracha, as cargas normalmente utilizadas são o negro de fumo, a argila da China e o carbonato de cálcio. O negro de fumo é derivado de fontes petroquímicas, mas o preço instável do petróleo bruto levou à procura de cargas derivadas de outras fontes (Ski, 1970). Os subprodutos agrícolas: espiga de milho, casca de cacau, palha de cana-de-açúcar, casca de arroz, casca de plátano, etc. são materiais de baixo custo e prontamente disponíveis em grandes quantidades para utilização em todo o lado, dos quais são produzidos anualmente mais de 300 milhões de toneladas. Em relatórios anteriores, foi examinada a utilização da casca da vagem de cacau, das cascas de sementes de borracha, da casca de amendoim, das cascas de plátano, etc. Os resultados obtidos com estes estudos indicaram um potencial para a utilização de resíduos agrícolas como material de enchimento em compostos de borracha natural. (Okieimen e Imanah, 2003).

No entanto, foi examinado o efeito da fibra de coco nas caraterísticas de cura e nas propriedades físico-mecânicas e de inchamento dos vulcanizados. As propriedades físicas da fibra de coco mostram que o pH da pasta é ligeiramente ácido, 6,19. A perda de peso na ignição a 875°C é de 37,40% para a fibra de coco. A perda de peso na ignição é uma medida do teor de carbono perdido durante a combustão e mede a eficácia do filtro; assim, quanto mais elevados forem os valores, maior é o potencial de reforço. (Egwaikhide, et al. 2007)

Quadro 2.1: Caraterísticas da fibra de coco
(Egwaikhide, et al. 2007)

PARÂMETROS	**COCO**
PH do chorume	6.20
Teor de humidade (% em peso)	10.8
Teor de cinzas (%)	2.55
Perda por ignição (875°C) (%)	37.40
Condutividade (um)	0.82
Comprimento (um)	0.30
Largura (um)	0.02
Diâmetro (um)	0.05
Lúmen (um)	0.01
Área de superfície (cm)[3]	0.06

A fibra de coco foi caracterizada em termos de pH, teor de humidade e teor de cinzas, perda por ignição, condutividade, tamanho das partículas e área de superfície. As propriedades físico-mecânicas, bem como as caraterísticas de inchaço em equilíbrio dos vulcanizados em solventes orgânicos, foram medidas em função da carga de enchimento e comparadas com os valores obtidos utilizando negro de carbono de qualidade comercial (N330). A fibra de coco mostrou uma boa segurança de processamento em termos de torques e queimaduras. Para o vulcanizado preenchido com fibra de coco, foi registada uma resistência à tração óptima de 7,35 MPa a 60 partes por cem. Verificou-se que os vulcanizados com 60 partes por cem apresentavam propriedades de tração máximas. A dureza da borracha natural vulcanizada preenchida com fibra de coco aumentou com a carga de enchimento. (Egwaikhide, et al. 2007).

A resistência à abrasão diminui marginalmente com o aumento da carga de enchimento. A resistência à flexão e a percentagem de compressão diminuíram com o aumento da carga de enchimento. A sorção de equilíbrio em solventes orgânicos de borracha natural vulcanizada preenchida com fibra de coco e negro de carbono diminuiu com o aumento da carga de enchimento. No entanto, a resistência ao inchaço do composto de borracha natural depende da quantidade de carga de enchimento: quanto maior for o teor de enchimento, menores serão os valores de sorção de equilíbrio obtidos (Egwaikhide, et al 2007).

Foi investigado o efeito da trietilenodiamina (TEDA) como catalisador e do teor de enchimento de resíduos de papel nas propriedades dos compósitos de espuma de resíduos de papel. Nesta investigação, foram utilizados três tipos de cargas de resíduos de papel: lamas de papel (PS), papel branco de escritório (OWP) e papel de jornal de escritório (ONP). As diferenças no comportamento de liquefação dos resíduos de papel devem-se às suas diferentes composições químicas. A adição de cargas, que servem para reforçar a espuma, aumentou significativamente o valor da resistência à compressão. Propõe-se que as entidades inorgânicas estejam presentes em domínios mais pequenos, onde as moléculas inorgânicas estão menos compactadas e reticuladas. A função importante das cargas é o seu conteúdo orgânico, uma vez que o conteúdo de celulose actua como fonte de álcool poli-hídrico, que pode reagir com o poliuretano (PU) para tornar a espuma mais rígida. Por conseguinte, o menor teor orgânico do PS levou à diminuição da sua rigidez em comparação com o OWP e o ONP, com teores orgânicos mais elevados. Além disso, as espumas de resíduos de papel produzidas na presença do catalisador apresentaram uma maior resistência à compressão em comparação com as produzidas sem o auxílio do catalisador, indicando que o catalisador desempenha um papel importante na modificação das propriedades mecânicas da espuma. A espuma de ONP apresentou um valor elevado de resistência à compressão em comparação com as espumas de ONP e PS, uma vez que contém teores mais elevados de celulose, que é a fonte de álcool poli-hídrico e torna a espuma mais rígida.

Em resumo, os resultados indicaram que um aumento do teor de enchimento de resíduos de papel leva a um aumento da resistência à compressão, do módulo de elasticidade e da dureza. Com um teor constante de resíduos de papel, os compósitos de espuma produzidos utilizando o catalisador TEDA resultam em valores mais elevados de dureza, resistência à compressão e módulo de elasticidade em comparação com as espumas de resíduos de papel produzidas sem o auxílio do catalisador. (Dahlia, Z. et al. 2009).

O comportamento mecânico de compósitos poliméricos à base de fibras naturais modificadas à superfície foi estudado por Soumya Ranjan Sethy. As propriedades mecânicas e físicas das fibras naturais diferem muito em função da composição química e estrutural, do tipo de fibra e das condições de crescimento. As propriedades mecânicas das fibras vegetais são muito inferiores quando comparadas com as das fibras de vidro de reforço concorrentes mais amplamente utilizadas. Contudo, devido à sua baixa densidade, as propriedades específicas (rácio propriedade/densidade), a resistência e a rigidez das fibras vegetais são comparáveis aos valores das fibras de vidro. (Soumya Ranjan Sethy, 2011)

A modificação da superfície foi efectuada com NaOH aquoso *(alcalino)* e silano *(3-amino propil tri etoxi silano),* e o efeito do tratamento químico no comportamento mecânico dos compósitos epoxídicos reforçados com fibras curtas de bambu foi indicado a seguir.

1. As propriedades mecânicas dos compósitos, como a dureza, a resistência à tração, a resistência à flexão e a resistência ao impacto, etc., também foram grandemente influenciadas pelos tratamentos químicos.

2. Foram estudadas as propriedades mecânicas como a dureza, a resistência à tração, o módulo de tração, a resistência à flexão e a resistência ao impacto de compósitos de fibra de bambu não tratados, tratados com NaOH e tratados com silano. A variação da resistência à tração, do módulo de tração e das propriedades de flexão destes compósitos foi estudada através de diferentes rácios de peso. Os testes de resistência química destes compósitos também foram estudados.

3. Observou-se que, houve melhorias nas propriedades de tração, módulo e flexão com o aumento da carga de fibras nos compósitos. Assim, o tratamento com álcali e silano

das fibras de bambu aumentou as propriedades de tração, módulo e flexão dos compósitos. No entanto, os compósitos reforçados com fibras de bambu tratadas apresentaram propriedades de tração, módulo e flexão superiores às dos compósitos de fibras de bambu não tratadas.

4. Isto deve-se ao facto de o tratamento alcalino melhorar a propriedade de adesão da superfície da fibra ao remover a hemicelulose, produzindo assim uma topografia de superfície rugosa. Esta topografia proporciona uma melhor adesão da interface fibra-matriz e um aumento das propriedades mecânicas. (Soumya Ranjan Sethy, 2011).

As propriedades criogénicas dos polímeros estão recentemente a chamar a atenção com o novo desenvolvimento das tecnologias espaciais e electrónicas. Embora a resistência mecânica da maioria dos polímeros aumente ou permaneça igual à medida que a temperatura diminui, o alongamento até à rutura diminui para valores extremamente baixos a temperaturas criogénicas. Este comportamento restringe a utilização da maioria dos materiais poliméricos a baixas temperaturas. Foi proposto que o rearranjo intermolecular local resulta em relaxamento na região de baixa temperatura. Os fenómenos de relaxação indicam uma dependência considerável da morfologia dos polímeros. Parece não haver uma relação definitiva entre a estrutura química dos polímeros e os comportamentos criogénicos. Os polímeros que são capazes de alterar os ângulos de ligação da sua cadeia principal parecem destacar-se pelas suas propriedades criogénicas. Estes polímeros são flexíveis e podem sofrer deformações mesmo quando os seus movimentos segmentares estão congelados a temperaturas criogénicas. Ocorre um relaxamento mecânico dinâmico nas moléculas de polímero devido à transferência de calor entre o modo intermolecular e o modo intermolecular. As propriedades físicas dos materiais poliméricos dependem severamente das frequências de excitação. (Bankim Ch. Ray, 2005).

A necessidade de desenvolvimento de veículos hipersónicos levou à avaliação de materiais e estruturas leves para tanques criogénicos. Os compósitos poliméricos estão a substituir progressivamente os materiais convencionais para melhorar o desempenho e a durabilidade. A investigação anterior explorou sobretudo o efeito das baixas temperaturas no comportamento mecânico dos compósitos poliméricos com carga constante. A presente investigação centra-se no papel da interface fibra/polímero no desempenho mecânico a taxas de carga baixas e elevadas para uma gama de temperaturas ultrabaixas e também com as percentagens variadas de fases constituintes de laminados de vidro/epóxi. No seu trabalho, as fibras de vidro E de 55, 60 e 65 pesos percentuais foram reforçadas com matriz epoxídica para preparar os compósitos laminados. Estes foram expostos a temperaturas de -40°C, -60°C e -80°C durante diferentes períodos de tempo. O ensaio de flexão de 3 pontos foi efectuado nas amostras condicionadas a essas temperaturas. O ensaio mecânico foi efectuado a velocidades de cruzamento de 2 mm/min e 500 mm/min. O principal objetivo da investigação foi avaliar o papel da percentagem da fase matriz e das áreas interfaciais no mecanismo de rutura por cisalhamento interlaminar de compósitos de vidro/epóxi a temperaturas ultrabaixas para diferentes velocidades de carga. Os desempenhos mecânicos dos espécimes laminados a baixas temperaturas foram comparados com as propriedades à temperatura ambiente. A sensibilidade da taxa de carga dos compósitos poliméricos pareceu ser inconsistente e contraditória nalguns pontos do tempo de condicionamento, bem como a uma temperatura de condicionamento. Os fenómenos podem ser atribuídos ao endurecimento a baixa temperatura, à fissuração da matriz e à deformação por desajustamento devido ao coeficiente térmico diferencial das fases constituintes, bem como ao aumento do fator de chaveamento mecânico por tensões residuais compressivas a baixas temperaturas. (Bankim Ch. Ray, 2005)

As propriedades mecânicas e térmicas dos compósitos biodegradáveis de poli (succinato de butileno) (PBS) reforçados com fibras curtas de coco mostraram que os compósitos totalmente biodegradáveis reforçados com fibras naturais são geralmente fabricados a partir de matrizes poliméricas completamente biodegradáveis. De entre os polímeros totalmente biodegradáveis que têm sido frequentemente estudados como matrizes poliméricas biodegradáveis nos biocompósitos, o ácido poliláctico (PLA) e o PBS têm vindo a despertar um interesse comercial crescente. No entanto, o PBS está disponível comercialmente a um custo inferior ao do PLA e pode ser naturalmente degradado no ambiente por bactérias e fungos. O PBS tem excelente biodegradabilidade na natureza, como no solo, lago, mar e composto. Pode ser completamente combustível pelo fogo sem libertação de gases tóxicos, reciclável e facilmente processado por técnicas de moldagem por injeção, extrusão, compressão e laminação. Tem propriedades mecânicas comparáveis às de vários termoplásticos, como o polietileno, o polipropileno e o poliestireno. Por conseguinte, o PBS pode ser um bom material candidato a ser utilizado como matriz de compósitos biodegradáveis. A combinação de fibras de coco e PBS pode produzir os compósitos biodegradáveis amigos do ambiente. Os compósitos biodegradáveis de poli (succinato de butileno) (PBS) reforçados com fibras de coco curtas foram fabricados pelo método de moldagem por compressão. O efeito de diferentes teores de fibra, variando de 10 a 50% em peso, nas propriedades mecânicas e térmicas dos compósitos de fibra de coco/PBS foi estudado em termos de propriedades de tração e flexão, estabilidade térmica, expansão térmica, propriedades mecânicas dinâmicas e observações microscópicas. Os módulos de tração e de flexão dos compósitos foram melhorados com o aumento do teor de fibras até 50% em peso. Os resultados da análise termogravimétrica mostraram que a estabilidade térmica dos compósitos biodegradáveis de fibra de coco/PBS é notavelmente intermédia entre a resina PBS e a fibra de coco, dependendo do teor de fibra. A estabilidade termomecânica da resina PBS é significativamente melhorada pela adição de fibras de coco de reforço na matriz do compósito. A incorporação de um elevado teor de fibras pode reduzir a tensão de fratura do compósito. Isto deve-se ao facto de um aumento na quantidade de carga levar à diminuição da quantidade de matriz polimérica disponível para o alongamento. O alongamento no compósito de fibra de coco/PBS provém da matriz PBS porque a fibra de coco é relativamente rígida em comparação com a resina PBS. Os resultados da análise dinâmico-mecânica também confirmaram que o módulo de armazenamento dos compósitos aumentou com o aumento da carga de fibra de coco, mostrando as transferências de tensão da matriz para a fibra; o maior valor do módulo de armazenamento e o menor coeficiente de expansão térmica foram obtidos com um teor de fibra de 50% em peso. A morfologia da superfície de fratura dos espécimes compósitos observada por microscópio eletrónico de varrimento (SEM) mostrou a fraca ligação entre a fibra de coco não tratada e a matriz de PBS. (Tran Huu et al. 2011)

Têm sido estudados compósitos baseados em fibras flexíveis como fibra de reforço. Neste trabalho, foram fabricados compósitos de fibras naturais (NFC) e comparadas as suas propriedades mecânicas com as dos termoplásticos de matriz de vidro (GMT). A investigação mostrou que os NFC têm propriedades mecânicas como a compatibilidade matriz/fibra, a rigidez, a resistência e a tenacidade à fratura tão elevadas como os GMT ou mesmo superiores em alguns casos. O trabalho concluiu que estas boas propriedades mecânicas, combinadas com a leveza, tornam a utilização de NFC muito atractiva para a indústria automóvel. (Joffe et al. 2001)

Foram realizadas investigações sobre as propriedades mecânicas e mecânicas dinâmicas dos elastómeros de poliuretano termoplástico (TPU) reforçados com dois tipos de fibras curtas de aramida, m-aramida (Teijin-Conex) e copoli(*p-aramida*) (Technora), em função da carga de fibras. Em geral, ambos os tipos de compósitos apresentaram comportamentos tensão-deformação muito semelhantes, exceto que o Technora-TPU foi mais forte do que o Conex-TPU. Este facto deveu-se principalmente à resistência intrínseca das fibras de reforço. As morfologias das superfícies fracturadas criogenicamente dos compósitos e das fibras extraídas, investigadas com microscopia eletrónica de varrimento, revelaram possíveis interações polares-polares entre as fibras de aramida e as matrizes de TPU. (Vajrasthira et al. 2003).

Os compósitos de poliuretano de cachos de fruta vazios (EFB-PU) foram fabricados reagindo EFB e polietilenoglicol (PEG) com diisocianato de difenilmetano (MDI) e as suas propriedades de tração foram determinadas. Os resultados revelaram que as propriedades de tração foram influenciadas pela percentagem de grupos -OH do EFB, juntamente com o efeito de reforço da carga do EFB. Para além disso, a formação da matriz de PU a partir de PEG e isocianato revelou-se crucial para produzir uma boa transferência de tensão da matriz para a carga. O estudo SEM mostrou que a área de superfície da carga também contribuiu para a resistência dos compósitos. (Ahmadhilmi et al. 2004)

Foi efectuada a determinação da resistência à tração da fibra de palmeira Palmyra como fibra natural e da resina epoxi como matriz. Para este efeito, as fibras de palmeira Palmyra foram misturadas com resina epóxi em várias percentagens de peso de fibra de 10%, 15% e 20% de fibra de palmeira Palmyra e com diferentes orientações de fibra, tais como aleatória longa, aleatória cortada e roving tecido. Os resultados dos testes de tração do compósito epoxídico reforçado com fibras de palmeira Palmyra foram que a fibra de palmeira Palmyra tecida com 10% de peso mostrou o valor mais elevado para as propriedades de tração máximas. Os valores da resistência à tração e do módulo de Young para o compósito de fibra de palmeira Palmyra tecida com 10% de peso são 51,7 MPa e 1255,8 MPa, respetivamente. Os resultados acima indicam que a fibra de palmeira Palmyra tecida tem uma melhor ligação entre a sua fibra e a matriz, em comparação com a fibra de palmeira Palmyra longa e aleatória e a fibra de palmeira Palmyra cortada aleatoriamente. Também foram efectuados ensaios de microscopia eletrónica de varrimento (SEM) após os ensaios de tração para observar a interface da fibra e a adesão da matriz. (Sastra et al. 2006)

Foi fabricado um compósito de poliuretano à base de água (WPU) e a equipa de investigadores estudou o efeito do agente de ligação cruzada nas diferentes propriedades. O poliuretano de base aquosa (WPU) e a caseína (1:1 em peso) foram misturados a 90°C durante 30 minutos e, em seguida, foram reticulados através da adição de 1-10% em peso de diol etano para preparar uma série de folhas. A sua estrutura e propriedades foram caracterizadas utilizando espetroscopia de infravermelhos (IR), microscopia eletrónica de varrimento (SEM), análise termogravimétrica (TGA), análise mecânica dinâmica e testes de tração. Os resultados indicaram que as folhas de mistura reticulada apresentavam um certo grau de miscibilidade e uma resistência à tração e uma resistividade à água muito mais elevadas do que a WPU, a caseína e a mistura não reticulada de WPU e caseína. Quando o teor de etano diol era de 2% em peso, a resistência à tração e o alongamento na rutura das folhas reticuladas atingiam 19,5 MPa e 148% no estado seco, e 5,0 MPa e 175% no estado húmido, respetivamente. Um teor de 2% em peso de etano diol desempenhou um papel importante na melhoria das propriedades mecânicas, estabilidade térmica e resistividade à água das misturas de WPU e caseína. (Wang et al. 2004)

Um dos estudos pioneiros sobre o desempenho mecânico de compósitos reforçados com fibras de óleo de palma tratadas é o que se centra no comportamento tensão-mancha de tração de compósitos com 40% de carga de fibra em peso. Verificou-se que o compósito tratado com isocianatos, silanos, acrilatos, revestido com látex e peróxidos suportava tensões de tração a níveis de deformação mais elevados. Os compósitos tratados com isocianato, silano, acrilado, acetilado e revestido com látex mostraram uma cedência e uma elevada extensibilidade. O módulo de tração dos compósitos a 2%

de alongamento mostrou um ligeiro aumento após a mercerização e o tratamento com permanganato. O alongamento na rutura dos compósitos com fibra quimicamente modificada foi atribuído às alterações na estrutura química e na capacidade de ligação da fibra. O bio-compósito de sisal-poliéster tratado com álcali (5%) mostrou um aumento de cerca de 22% na resistência à tração. (Sreekala et al. 2000).

Os compósitos de fibra de coco e poliéster foram testados como capacetes, coberturas e caixas de correio, Satyanarayana, K.G. et al. (1986). Estes compósitos, com carga de fibra de coco variando de 9 a 15% em peso, têm uma resistência à flexão de cerca de 38 MPa. Os compósitos de coco e poliéster com fibras de coco não tratadas e tratadas, e com uma carga de fibra de 17% em peso, foram testados em tensão, flexão e impacto Izod entalhado. (Rout, et al 2003). Os resultados obtidos com as fibras não tratadas mostram sinais claros da presença de uma interface fraca - fibras longas arrancadas sem qualquer resina aderida às fibras - e foram obtidas propriedades mecânicas baixas. Embora com melhor desempenho mecânico, os compósitos com fibras tratadas apresentam, no entanto, apenas um aumento moderado nos valores das propriedades mecânicas analisadas. O tratamento alcalino é também referido para as fibras de coco. (Prasad, et al 1983).

Observou-se, a partir do estudo de diferentes materiais compósitos reforçando fibras naturais (linho, rami e curauá) em matrizes poliméricas (poliéster e polipropileno), que as propriedades mecânicas dos compósitos reforçados com fibras naturais apresentaram melhorias com diferentes agentes de acoplamento. Os compósitos termoplásticos reforçados com fibras naturais tratadas quimicamente apresentaram propriedades mecânicas e físicas melhoradas em condições extremas. Foram estudadas as propriedades de tração, tais como a resistência à tração e o módulo de tração de compósitos reforçados com fibras curtas de sisal tratadas quimicamente com diferentes cargas de fibras. Os tratamentos químicos, como a benzoilação, o silano e os compósitos de fibra de linho tratados com peróxido, apresentaram melhores propriedades físicas e mecânicas devido a uma melhor adaptabilidade da adesão entre as fibras e a matriz. O tratamento químico, como o tratamento alcalino e a emulsão MPP de fibras de juta, revelou-se muito bom para melhorar a adesão da fibra à matriz e, por conseguinte, as propriedades mecânicas dos compósitos de polipropileno reforçados com fibras de juta. (Mu'nker e Holtmann 1998).

Os compósitos de polipropileno reforçados com bambu para fins ecológicos (Ecocompósitos) foram fabricados e as suas propriedades mecânicas básicas foram estudadas. A técnica de explosão a vapor foi aplicada para extrair as fibras de bambu das árvores de bambu em bruto. Os resultados experimentais mostraram que as fibras de bambu (feixes) tinham uma resistência específica suficiente, que é equivalente à das fibras de vidro convencionais. A resistência à tração e o módulo dos compósitos à base de polipropileno utilizando fibras explodidas por vapor aumentaram cerca de 15 e 30%, respetivamente, devido a uma boa impregnação e à redução do número de vazios, em comparação com o compósito utilizando fibras extraídas mecanicamente. A técnica de explosão a vapor foi um método eficaz de extração de fibras de bambu para reforço de termoplásticos. (Fujii et al. 2004)

Foram fabricados laminados compósitos totalmente ecológicos e com fibras naturais a altas temperaturas. O trabalho estudou o efeito da concentração de carga e do tratamento de superfície nas propriedades de tração, valores r, estampagem profunda, módulo e propriedades mecânicas dinâmicas. (Nakamura, 2009)

O efeito das interações interfaciais nas propriedades mecânicas dos compósitos de polietileno de baixa densidade reforçados com pós micrométricos de boehmite foi estudado em combinação com dois agentes de acoplamento de silano: viniltri(2-metoxietoxi)-silano (VTMES)-SCA 972 e 3-(trimetoxissilil)-propilmetacrilato (3MPS)-SCA 989.

As amostras foram preparadas através de mistura por fusão seguida de moldagem por compressão ou injeção. A morfologia e o comportamento mecânico dos compósitos foram investigados em função da carga de enchimento. O módulo dos compósitos aumenta com o aumento do teor de partículas micrométricas de Boehmite. O exame de microscopia eletrónica de varrimento ambiental (ESEM) revela a formação de estruturas fibrosas após a adição das micro cargas tratadas. Presume-se que a fibrilhação da fase LDPE esteja relacionada com alterações da viscosidade da matriz. As melhorias nas propriedades mecânicas são atribuídas à dispersão homogénea e à boa adesão interfacial entre a carga e a matriz. (Witold Brostow et al. 2008).

Foi avaliado o efeito do compatibilizador nas propriedades mecânicas e na morfologia de compósitos de polietileno de baixa densidade (PEBD) com argila. A argila foi utilizada como carga nos compósitos de PEBD e o ácido polietileno-acrílico (PEAA) foi utilizado neste estudo como compatibilizador. A presença de ácido polietileno-acrílico (PEAA) aumentou a resistência à tração e o módulo de Young, mas diminuiu o alongamento na rutura dos compósitos de PEBD/argila. A microscopia eletrónica de varrimento (SEM) da superfície de fratura por tração do compósito indica que o PEAA melhorou a interação interfacial entre a argila e a matriz de PEBD. (Salmah, et al. 2004).

Ang et al. (2003) fabricaram compósitos de poliuretano com casca de arroz (RH) como carga e polipropileno, com peso molecular (Mw) de 400 como matriz. Eles investigaram o efeito da porcentagem de RH (em peso), da porcentagem de grupos hidroxila (-OH) de RH e do tamanho de RH nas propriedades de flexão, tração e impacto. Para a maioria dos testes, as propriedades aumentaram à medida que a percentagem de RH ou as percentagens de grupos RH -OH foram aumentadas. No entanto, após exceder um valor limite, as propriedades começaram a diminuir. Um teste de imersão em dimetilformamida (DMF) mostrou que a absorção e o inchaço diminuíam à medida que a percentagem de RH era aumentada. O tamanho do RH também desempenhou um papel significativo nas propriedades, onde RH de tamanho menor produziu compósitos com maior resistência. Isto deve-se à maior área de superfície para interação entre os grupos -OH do RH e os grupos -NCO do MDI, o que pode ser detectado por análise ao microscópio eletrónico de varrimento (SEM). O aumento da absorção de água e da dilatação da espessura com o aumento da percentagem de RH foi atribuído à capacidade dos grupos -OH do RH de absorverem água, provocando a dilatação da parede celular.

Foram efectuados trabalhos sobre o efeito da carga de fibras e da modificação da superfície na análise térmica termogravimétrica e mecânica dinâmica do compósito

PALF-LDPE. A altas temperaturas (350°C, onde a celulose se decompõe), o PALF degrada-se antes da matriz de PEBD. No entanto, o módulo de armazenamento E' aumentou com o aumento da carga de fibras na análise térmica mecânica dinâmica. Verificou-se também que a interação melhorada exercida pelos tratamentos químicos torna a composição mais estável mecânica e termicamente do que o compósito de fibras não tratadas. A propósito, os módulos dinâmicos aumentaram com o aumento da frequência devido à mobilidade segmentar reduzida. (George et al. 1996).

Foram efectuadas investigações sobre o comportamento mecânico de compósitos de poliéster reforçados com PALF em função da carga de fibras, do comprimento das fibras e da modificação da superfície das fibras. Verificou-se que a resistência à tração e o módulo deste compósito termoendurecido aumentam linearmente com o teor de fibras. A resistência ao impacto também seguiu a mesma tendência. No entanto, no caso da resistência à flexão, verificou-se uma estabilização para além do teor de fibras de 30% em peso. Foi observada uma melhoria significativa nas propriedades mecânicas quando se utilizaram fibras tratadas para reforçar o compósito. A melhor melhoria foi observada no estudo de compósitos de fibras tratadas com silano A-172. Uma Devi e os seus membros resumiram que os compósitos de poliéster reforçados com PALF apresentam propriedades mecânicas superiores quando comparados com outros compósitos de poliéster com fibras naturais. (Uma Devi et al. 1997)

Foi investigada uma panorâmica do desenvolvimento, das propriedades mecânicas e das utilizações dos compósitos de polímeros reforçados com PALF. Tanto as resinas termoendurecíveis como as resinas termoplásticas têm sido utilizadas como matrizes para esta fibra natural. As PALF curtas são maioritariamente utilizadas nos vários investigadores analisados. Esta revisão da literatura concluiu algumas investigações futuras que poderão levar as PALF a uma área mais desenvolvida. Os investigadores propuseram que o estudo principal se centrasse nas PALF longas; no seu fabrico, como a moldagem em autoclave, a moldagem em saco de vácuo e a moldagem por transferência de resina (RTM); nas possíveis utilizações dos compósitos de PALF e que o estudo das propriedades fosse alargado à fluência, à fadiga e às propriedades físicas e eléctricas. (Arib et al. 2004)

Foram estudadas as melhorias do polietileno de baixa densidade produzido localmente. No seu trabalho, foi fabricado um compósito de polímero misturando LDPE com diferentes % de pigmento (Fe_2O_3 e TiO_2) para obter propriedades desejáveis no fabrico. Foi utilizada uma extrusora de parafuso único e a máquina de mistura funcionou a uma temperatura entre (150-170) °C. Algumas das propriedades mecânicas, como a tração, o impacto, a dureza e o teste de flexão, foram determinadas em diferentes fracções de peso de materiais compósitos. Verificou-se que a adição de pigmentos (TiO_2 e Fe_2O_3) ao LDPE conduz a um aumento do módulo de elasticidade, da resistência à tração, da resistência à tração na rutura e da dureza da superfície, ao passo que, por outro lado, diminui a percentagem de alongamento na rutura e a resistência ao impacto. (Najat Saleh e Zanaib Shnean 2008)

O objetivo desta investigação - "Estudo da condição óptima para a indução da cera de parafina PEBD" - foi descobrir as condições óptimas da cera produzida por indução do PEBD. A experiência foi realizada misturando a cera e o PEBD em quatro novas composições poliméricas, nas quais o valor mais elevado da resistência à tração, do módulo de Young e da dureza foi obtido através da mistura de 90% do peso do PEBD com 10% do peso da cera, em vez de ser comparado com o PEBD puro. Os resultados são 8,896 MPa, 247,602 MPa e 50,9MPa, respetivamente. No entanto, apenas a resistência ao impacto tem um valor inferior em 31,38%. Através da análise SEM, a melhoria do valor das propriedades mecânicas foi examinada, sendo que a composição óptima mais adequada é a de 90% de peso de LDPE com 10% de peso de cera. A mistura PEBD/cera produz um novo polímero e altera as propriedades do PEBD puro. (Kannan Rassiah et al. 2008)

Embora existam vários relatórios na literatura que discutem o comportamento mecânico de compósitos de polímeros de madeira e de compósitos de polímeros reforçados com fibras de resíduos de papel. No entanto, não foram efectuados trabalhos sobre o comportamento mecânico de compósitos de polietileno de baixa densidade reforçados com fibras de papel de jornal e de cola amarga. Neste contexto, foi realizado o presente trabalho de investigação, com o objetivo de explorar o potencial da fibra de papel de jornal e da fibra de kola amarga como material de reforço em compósitos poliméricos e de investigar o seu efeito no comportamento mecânico dos compósitos resultantes.

Assim, o presente trabalho tem como objetivo desenvolver esta nova classe de compósitos poliméricos à base de cargas naturais com diferentes cargas de carga e analisar o seu comportamento mecânico por experimentação.

CAPÍTULO 3

3.0 MATERIAIS E METODOLOGIA

Este capítulo descreve os pormenores do processamento dos compósitos e os procedimentos experimentais seguidos para a sua caraterização. As matérias-primas utilizadas neste trabalho de investigação são as seguintes:

- ♦ Polietileno de baixa densidade (PEBD), obtido da Ceeplas Industries, Aba Abia State.
- ♦ Resíduos de papel (papel de jornal)
- ♦ Bitter Kola *(Garcinia kola),* obtida de um fabricante local de medicamentos em Owerri.
- ♦ Óleo de silicone, produto de Vickers Laboratory Limited, Burley-in-Warfedale West Yorks, Inglaterra.
- ♦ Anidrido maleico-graft-Polietileno (MAPE), fabricado por Exxon Mobile ltd, Sigma ALDARICH chemical company USA.

3.1 PREPARAÇÃO DAS CARGAS

Resíduos de papel: O papel de jornal foi triturado e mergulhado numa solução de hipoclorito de sódio a 3,5% p/v durante três dias. O objetivo era branquear o papel, removendo assim as impurezas. Foi lavado e triturado com um pilão e um almofariz. Depois de triturado, foi seco ao sol; em seguida, foi moído com uma máquina de moer placas eléctrica para obter partículas finas. Foi utilizado um peneiro de malha graduada de 250 microns para determinar o tamanho das partículas do material de enchimento. A peneiração foi efectuada no Laboratório de Erosão da Universidade Federal de

Tecnologia de Owerri.

Kola amarga *(Garcinia kola):* a kola amarga foi mantida à temperatura ambiente durante dois dias. O material assim obtido foi seco numa estufa a uma temperatura de 100°c durante quatro dias no Alvan Ikoku Federal College of Education Owerri. Após a secagem, foram moídos e peneirados utilizando a mesma peneira de malha de 250 microns para obter o tamanho das partículas do material de enchimento. A peneiração também foi efectuada no Laboratório de Erosão da Universidade Federal de Tecnologia de Owerri.

3.2 PREPARAÇÃO DOS COMPÓSITOS

Foram fabricados conjuntos separados de compósitos utilizando a técnica de moldagem por injeção com Polietileno de Baixa Densidade (WA11110-12- densidade de 0,922g/cm^3 , tipo de material virgem, produto da Exxon Mobile, Reino da Arábia Saudita) como matriz, resíduos de papel e kola amarga como cargas, respetivamente. As condições de composição foram um índice de fluxo de fusão de 4,0g/10 minutos sob uma temperatura de mistura de 190°c e uma pressão de 1000-3000psi. As cargas de enchimento foram variadas entre 5%, 10%, 15% e 20% em peso. Algumas amostras foram preparadas com um peso constante de 2g de Anidrido Maleico - enxerto de Polietileno, enquanto o óleo de silicone, produto da Vickers Laboratory Limited, Burley-in-Warfedale West Yorks, Inglaterra foi adicionado a todas as amostras produzidas. Estes agentes de composição eram de qualidade comercial. As formulações para os compósitos de polietileno de baixa densidade são apresentadas na Tabela 3.1

Tabela 3.1: Formulações para os compósitos de polietileno de baixa densidade reforçados

Ingredientes	**Conteúdo**
PEBD	200g
Enchimento	0-20%
MAPE	2g
Óleo de silicone	$4cm^3$

Tabela 3.2: Formulações dos compósitos de polietileno de baixa densidade reforçados com enchimento de resíduos de papel

Código de amostra	**Carga de enchimento (%)**	**Formulações**
A_0	0	PEBD
W $s5_p$	5	LDPE+ W_p + Si Óleo
W $s10_p$	10	LDPE+ W_p + Si Óleo
W $s15_p$	15	LDPE+ W_p + Si Óleo
W $s20_p$	20	LDPE+ W_p + Si Óleo
W_p ms5	5	LDPE+ W_p + Si Oil +MAPE
W_p ms10	10	LDPE+ W_p + Si Oil +MAPE
W_p ms15	15	LDPE+ W_p + Si Oil +MAPE
W_p ms20	20	LDPE+ W_p + Si Oil +MAPE

Onde:

W_p =Resíduos de papel

Ao =PEBD não preenchido

W_p s5= Resíduos de papel com óleo de silicone e 5% de carga de enchimento

W_p s10= Resíduos de papel com óleo de silicone e 10% de carga de enchimento

W_p s15= Resíduos de papel com óleo de silicone e 15% de carga de enchimento

W_p s20= Resíduos de papel com óleo de silicone e 20% de carga de enchimento

W_p ms5= Resíduos de papel com MAPE, óleo de silicone e 5% de carga de enchimento

W_p ms10= Resíduos de papel com MAPE, óleo de silicone e 10% de carga de enchimento

W_p ms15= Resíduos de papel com MAPE, óleo de silicone e 15% de carga de enchimento

W_p ms20= Resíduos de papel com MAPE, óleo de silicone e 20% de carga de enchimento

LPDE = Polietileno de baixa densidade

MAPE = Anidrido maleico-graft-polietileno

Si Oil = Óleo de silicone

Tabela 3.3: Formulações dos compósitos de polietileno de baixa densidade reforçados com carga de bitter kola

Código de amostra	Carga de enchimento (%)	Formulações
A_0	0	PEBD
B $s5_K$	5	LDPE+ B_K + Si Óleo
B $s10_K$	10	LDPE+ B_K + Si Óleo
B $s15_K$	15	LDPE+ B_K + Si Óleo
B $s20_K$	20	LDPE+ B_K + Si Óleo
B_K ms5	5	LDPE+ B_K + Si Oil +MAPE
B_K ms10	10	LDPE+ B_K + Si Oil +MAPE
B_K ms15	15	LDPE+ B_K + Si Oil +MAPE
B_K ms20	20	LDPE+ B_K + Si Oil +MAPE

Onde:

B_k =Bitter Kola

A_0 = PEBD não preenchido

B_Ks5=Bitter Kola com óleo de silicone e 5% de carga de enchimento

B_K s10=Bitter Kola com óleo de silicone e 10% de carga de enchimento

B_K s15= Bitter Kola com óleo de silicone e 15% de carga de enchimento

B_K s20= Bitter Kola com óleo de silicone e 20% de carga de enchimento

B_K ms5= Bitter Kola com MAPE, óleo de silicone e 5% de carga de enchimento

B_K ms10= Bitter Kola com MAPE, óleo de silicone e 10% de carga de enchimento

B_K ms15= Bitter Kola com MAPE, óleo de silicone e 15% de carga de enchimento

B_K ms20= Bitter Kola com MAPE, óleo de silicone e 20% de carga de enchimento

LPDE = Polietileno de baixa densidade

MAPE = Anidrido maleico-graft-polietileno

Si Oil = Óleo de silicone

3.3 ANÁLISE MECÂNICA DE MATERIAIS COMPÓSITOS

Após o fabrico dos compósitos, os provetes de ensaio foram preparados em diferentes formas e formatos a partir dos materiais em folha e submetidos a vários ensaios mecânicos de acordo com as normas da American Standards for Testing Materials (ASTM).

ENSAIO DE RESISTÊNCIA À TRACÇÃO

A resistência à tração, também conhecida como resistência máxima, é a força aplicada dividida pela área da secção transversal. O ensaio de tração foi realizado nas amostras em forma de haltere. Foi aplicada uma carga uniaxial em ambas as extremidades das amostras em forma de haltere até à sua rutura. Os ensaios foram efectuados segundo o método ASTM-D 638. O comprimento e a largura totais das amostras em forma de haltere eram de 120 mm e 20 mm, respetivamente. O comprimento do calibre foi de 60 mm, a largura do calibre foi de 10 mm e o comprimento da pega foi de 20 mm. A resistência à tração (σ) é dada pela expressão:

$$(\sigma) = \frac{\text{Force (N)}}{\text{Cross Section Area (mm}^2\text{)}}$$

$$\sigma = \frac{F_n}{A}$$

F=força *aplicada*

A=área da secção transversal do provete

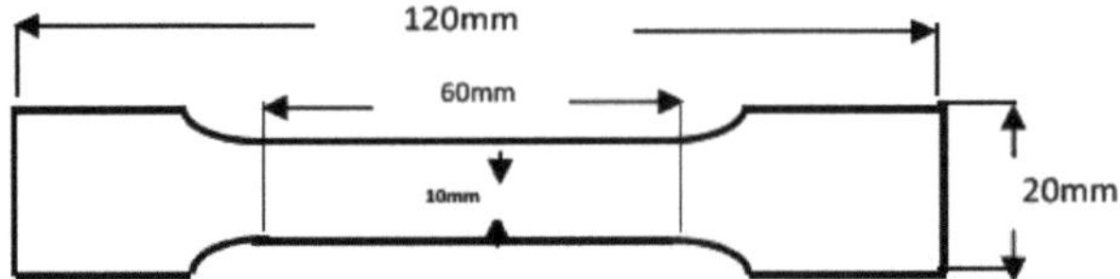

Fig.3.1 Diagrama da forma do haltere

ALONGAMENTO NA RUPTURA

O alongamento final de um material de engenharia é o aumento percentual no comprimento que ocorre antes de quebrar sob tensão. A quantidade de ductilidade é um fator importante quando se consideram operações de conformação como a laminagem e a extrusão. Também fornece uma indicação de quão visíveis podem ser os danos de sobrecarga num componente antes da sua fratura. As medidas convencionais de ductilidade são a tensão de engenharia na fratura (normalmente designada por alongamento) e a redução da área na fratura. Ambas as propriedades são obtidas através da montagem do espécime após a fratura e da medição da alteração do comprimento e da área da secção transversal. O alongamento é a mudança no comprimento axial dividido pelo comprimento original do espécime ou parte do espécime. É expresso como uma percentagem. Uma vez que uma fração apreciável da deformação plástica estará concentrada na região do gargalo do provete de tração, o valor do alongamento dependerá do comprimento do calibre sobre o qual a medição é efectuada.

Alongamento à rotura %

$$\varepsilon_B = \frac{L_f - L_0}{L_0} \times 100$$

Em que L_f = comprimento final do provete

L_0 = comprimento original do provete

MÓDULO DE ELASTICIDADE

O declive da linha no gráfico tensão-deformação em que a tensão é proporcional à deformação é designado por módulo de elasticidade ou módulo de Young. O módulo de elasticidade (E) define a propriedade de um material que sofre tensão, deforma-se e volta à sua forma original depois de a tensão ser removida. É uma medida da rigidez de um determinado material. O módulo de elasticidade aplica-se especificamente à situação de um componente que está a ser esticado com uma força de tração.

O módulo de Young, *E,* foi calculado de acordo com a definição da norma ASTM D638, que dá

$$E = \frac{\text{Tensile stress}}{\text{Tensile strain}} = \frac{\sigma}{\varepsilon} = \frac{F / A_o}{\Delta L / L_0}$$

onde

E = módulo de Young (módulo de elasticidade)

F = a força exercida sobre um objeto sob tensão;

A_0 = a área da secção transversal original através da qual a força é aplicada;

ΔL = a quantidade pela qual o comprimento do provete varia;

L_0 = o comprimento original do provete.

ALONGAMENTO À RENDIMENTO $(\varepsilon)_Y$

$$\varepsilon_Y = \frac{\text{Change in length (elongation)}}{\text{Original length}} = \frac{\Delta L}{L_0}$$

Onde

ΔL = a quantidade pela qual o comprimento do provete varia;

L_0 = o comprimento original do provete.

ENSAIO DE ENERGIA DE IMPACTO

O ensaio de energia de impacto é um ensaio efectuado para determinar a resistência que um material oferece ao choque e para mostrar a sua capacidade de suportar a concentração de tensões. Foi utilizada uma máquina Charpy para efetuar o ensaio de energia de impacto e este foi realizado de acordo com a norma ASTM D256. O ensaio Charpy é normalmente utilizado para avaliar a tenacidade relativa ou a tenacidade de impacto dos materiais e, como tal, é frequentemente utilizado em aplicações de controlo de qualidade, pois é um ensaio rápido e económico. As amostras de ensaio foram cortadas em formas rectangulares de 100 mm por 8 mm (com um entalhe em 'V' de 3 mm no centro) para os ensaios de impacto. Quando o percussor impacta a amostra, esta absorve energia até ceder. Nesta altura, a amostra começará a sofrer uma deformação plástica no entalhe. O entalhe na amostra afecta os resultados do ensaio de impacto, pelo que é necessário que o entalhe tenha dimensões e geometria regulares. A amostra de ensaio continua a absorver energia e a endurecer na zona plástica do entalhe. Quando a amostra não consegue absorver mais energia, ocorre a fratura.

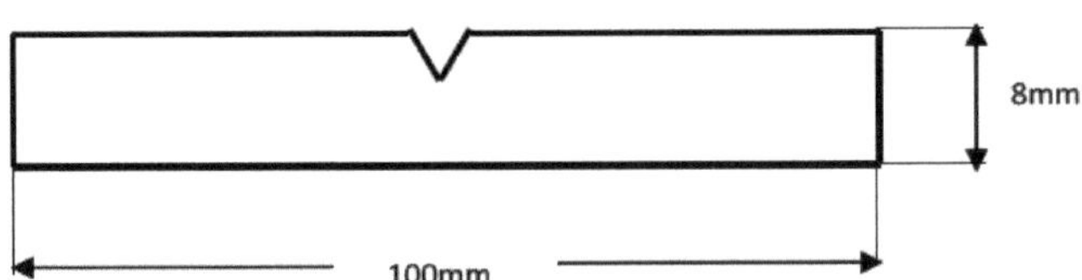

Fig.3.2 Diagrama da forma de ensaio retangular entalhada em V

TESTE DE DUREZA

O ensaio de dureza é a resistência relativa da superfície à indentação por um indentador de dimensão especificada sob uma carga especificada. Foi utilizado um tensómetro do tipo "W" da Monsanto para realizar o ensaio de dureza Brinell. As amostras de ensaio foram cortadas em rectângulos de 50 mm por 30 mm e colocadas na máquina. Cada amostra foi inserida e o suporte da esfera Brinell foi ajustado até à leitura zero para o medidor de mercúrio. A esfera Brinell é feita de aço-carbono. A carga foi então aplicada à amostra. O nível de mercúrio foi mantido na leitura zero durante 15 segundos, obtendo-se assim a indentação desejada nas amostras. A amostra é então retirada da máquina e o diâmetro da indentação é medido com o microscópio de leitura Brinell para obter o número de dureza Brinell. O número de dureza Brinell (BHN) é expresso da seguinte forma:

$$BHN = \frac{2P}{\pi D\,(D - \sqrt{(D^2 - d^2)})}$$

Onde:

P = força aplicada (kgf)

D = diâmetro do indentador (mm)

d = diâmetro da indentação (mm)

CAPÍTULO 4

4.0 RESULTADOS E DISCUSSÕES

4.1 RESISTÊNCIA À TRACÇÃO NO ESCOAMENTO

4.1.1 EFEITOS DA CARGA DE ENCHIMENTO NA RESISTÊNCIA À TRACÇÃO NO LIMITE DE ELASTICIDADE

A resistência à tração da matriz de PEBD e dos compósitos reforçados com resíduos de papel/kola amarga com diferentes cargas de enchimento é apresentada nas Tabelas A.1 e A.2.

As Figuras 4.1 e 4.2 mostram o efeito da carga de enchimento na resistência à tração de todos os casos considerados. Pode ver-se que a resistência à tração dos compósitos diminui com o aumento da carga de enchimento. A fraca ligação entre o material de enchimento hidrofílico e o polímero da matriz hidrofóbica obstrui a propagação da tensão e faz com que a resistência à tração diminua à medida que a carga de material de enchimento aumenta. Além disso, as fibras podem ser dobradas de tal forma que não existe ligação entre a parte dobrada e a parte desdobrada da fibra, o que pode resultar numa menor resistência. O emaranhamento das fibras também pode contribuir para reduzir a resistência (Joseph et al., 2002). Assim, à medida que a percentagem de fibras aumenta, verifica-se uma acumulação de fibras em vez de uma dispersão.

A diminuição da resistência à tração deve-se à fraca adesão da matriz de carga e à aglomeração das partículas de carga; a sua capacidade de suportar a tensão transmitida pela matriz polimérica é bastante fraca. O PEBD é demasiado flexível e fraco, tendo-se observado um aumento da fragilidade e da rigidez com o aumento da carga de carga. (Salmah et al. 2004).

A resistência máxima de um compósito polimérico deveria, teoricamente, ocorrer na fração de volume de carga mais elevada possível, uma vez que a carga tem normalmente propriedades de resistência muito superiores às da matriz, pelo que, pela simples adição dos componentes, a resistência do compósito deveria aumentar com a fração de volume de carga. No entanto, isto raramente é conseguido na maioria dos compósitos poliméricos, uma vez que muitas vezes o reforço máximo não ocorre na fração volumétrica máxima de carga devido à eficiência reduzida da ligação nas fracções volumétricas mais elevadas. (Kokta et al 1989).

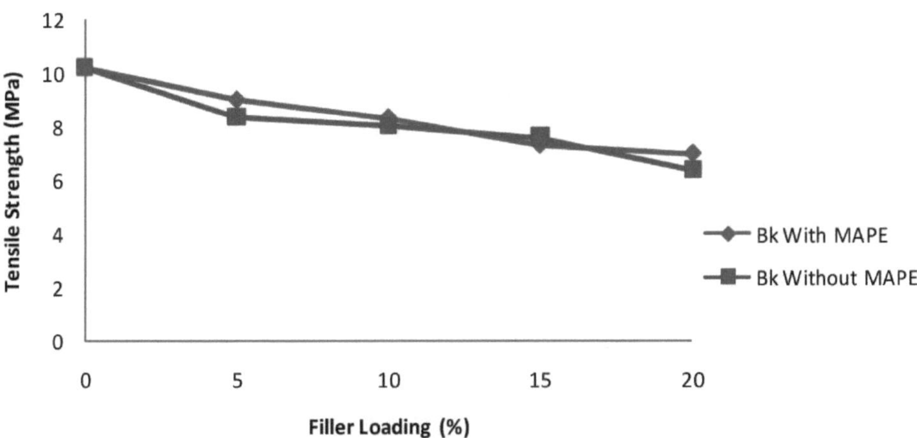

Fig 4.1: Um gráfico da resistência à tração em função da carga de enchimento para o enchimento de Bitter kola

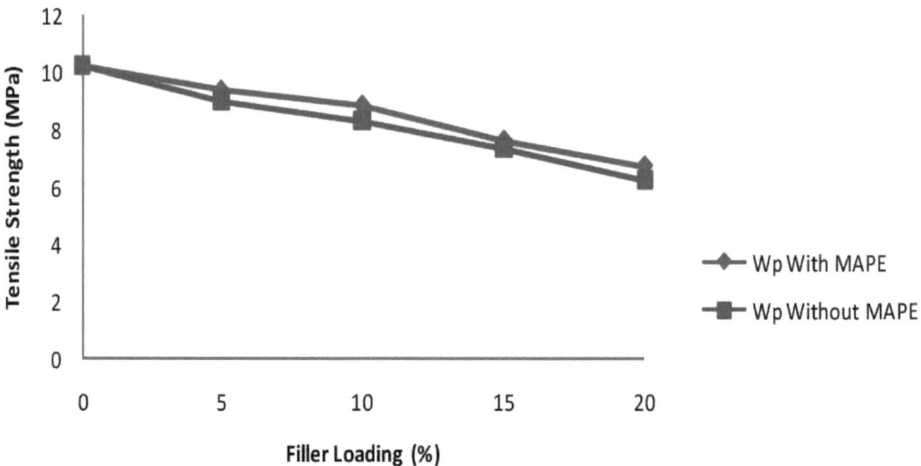

Fig. 4.2: Gráfico da resistência à tração em função da carga de enchimento para o enchimento de resíduos de papel

4.2 ALONGAMENTO NA RUPTURA

4.2.1 EFEITOS DA CARGA DE ENCHIMENTO NO ALONGAMENTO DE ROTURA

O alongamento na rutura é a deformação na qual o material se rompe. É a extensão na qual o alongamento permanente ocorre no material após a falha, e é expresso como uma percentagem do comprimento original.

Os efeitos da carga de enchimento no alongamento na rutura do polietileno de baixa densidade preenchido com kola amarga/papel usado são mostrados nas figuras 4.3 e 4.4. Os compósitos de polímeros mostram carateristicamente que o alongamento na rutura diminui com o aumento da percentagem da concentração de carga. O alongamento na rutura para polímeros de partículas rígidas diminui à medida que a percentagem de carga aumenta (Nielson, 1974), devido ao facto de, durante o carregamento, a matriz ser a única fase a deformar-se, de modo que, à medida que a fração de volume de carga aumenta, a matriz sob tensão diminui efetivamente, o que, para uma carga equivalente, representa uma tensão maior. A amostra sem carga tem o valor mais elevado de alongamento na rotura. O aumento da carga de enchimento resultou na rigidez e no endurecimento do compósito. Isto reduziu a sua resiliência e tenacidade, e levou a um menor alongamento na rotura.

A diminuição, no entanto, é atribuída à presença de uma estrutura de carga densa que indica a interferência da carga na mobilidade da matriz, ou seja, a redução da ductilidade da matriz polimérica. Isto, no entanto, resultou num aumento da fragilidade do compósito.

As semelhanças entre os modelos de resistência e extensão à rotura de compósitos poliméricos com enchimento são evidentes, uma vez que a semelhança do efeito do volume reduzido da matriz e do fator de concentração de tensões do enchimento é modelada. O comportamento caraterístico dos compósitos de polímeros com enchimento e, consequentemente, os modelos aplicáveis para o alongamento na rotura dependem da superfície de fratura caraterística do compósito, que é uma função da adesão entre as fases. No caso de uma boa adesão, a fissuração da matriz salta de partícula para partícula, produzindo uma superfície de fratura rugosa, enquanto que uma falha de fraca adesão resulta numa superfície de fratura lisa. Para uma fraca adesão, o efeito do material de enchimento é o de proporcionar interferência na mobilidade e/ou deformação da matriz, semelhante ao discutido para as propriedades de módulo. (Nielson, 1974)

No entanto, as amostras produzidas sem o compatibilizador MAPE têm um melhor alongamento na rutura do que as produzidas com o compatibilizador MAPE.

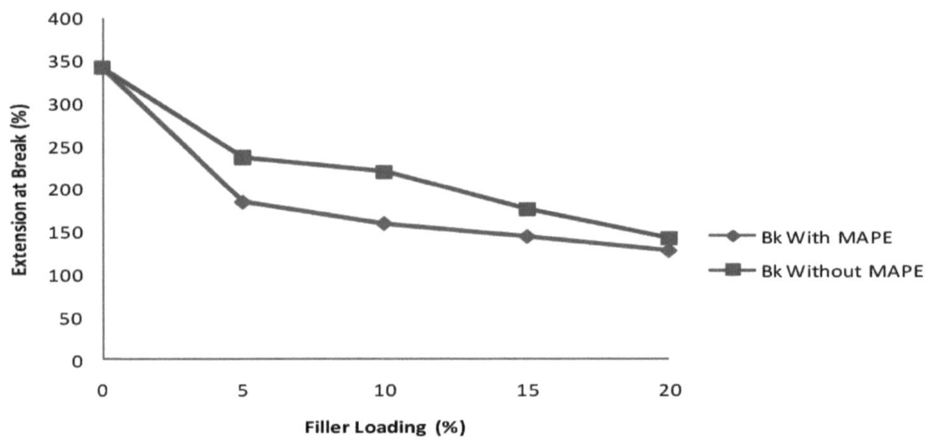

Fig 4.3: Um gráfico da extensão na rutura contra a carga de enchimento para o enchimento de Bitter kola

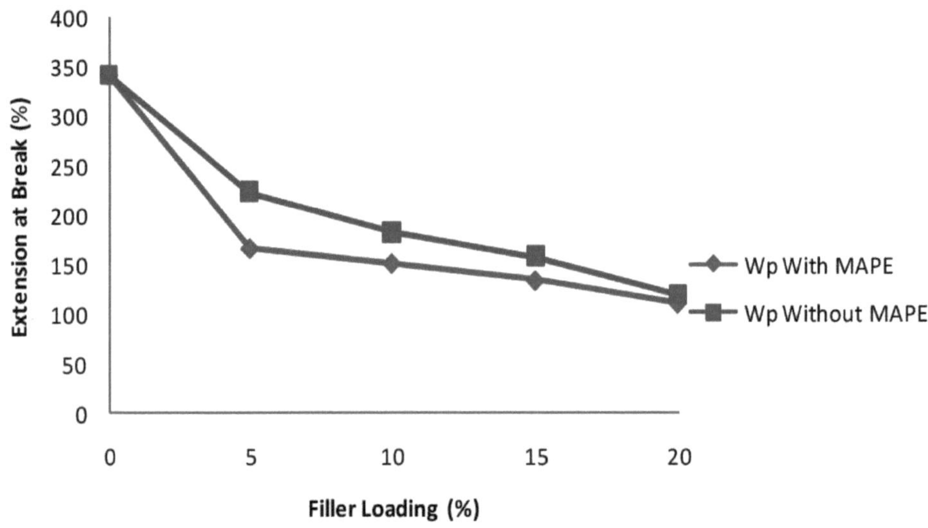

Fig. 4.4: Um gráfico da extensão na rotura em função da carga de enchimento para o enchimento de resíduos de papel

4.3 ALONGAMENTO NO RENDIMENTO

4.3.1 EFEITOS DA CARGA DE ENCHIMENTO NO ALONGAMENTO AO ESCOAMENTO

O alongamento ao escoamento é a extensão à qual um material cede quando é sujeito a tensão de tração. O alongamento ao escoamento é um padrão para medir a ductilidade de um material e é a extensão expressa como percentagem do comprimento original.

Os resultados do alongamento no rendimento das cargas de resíduos de papel e de kola amarga produzidas com e sem o compatibilizador MAPE são mostrados nas Tabelas A.5 e A.6. As Figuras 4.5 e 4.6 apresentam o alongamento no rendimento das cargas de resíduos de papel e de kola amarga produzidas com e sem o compatibilizador MAPE em função da carga de carga. O alongamento no rendimento a partir dos dados das figuras 4.5 e 4.6 revela que houve uma diminuição com o aumento da carga de enchimento.

A diminuição do alongamento ao escoamento com o aumento da carga de carga foi atribuída à diminuição da deformabilidade de uma interface rígida entre a carga e a matriz. Assim, a interferência é criada através da interação física e da imobilização da matriz polimérica pela carga que impõe restrições mecânicas ao compósito.

No entanto, as amostras produzidas sem o compatibilizador MAPE têm uma melhor extensão no rendimento do que as produzidas com o compatibilizador MAPE.

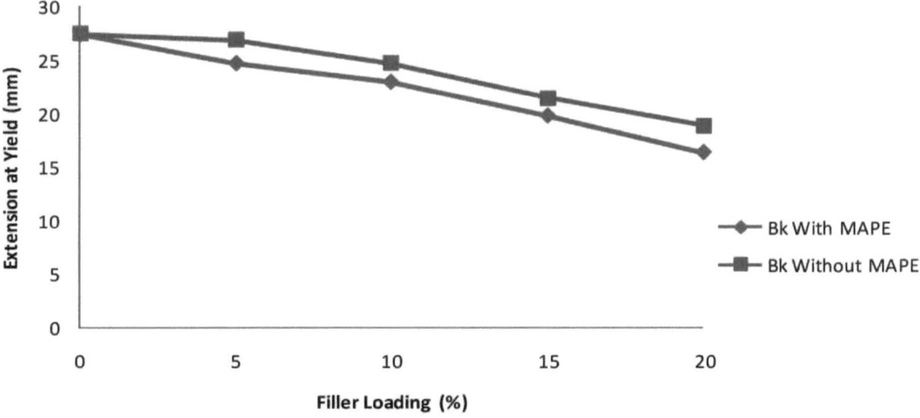

Fig 4.5: Um gráfico da extensão no rendimento em relação à carga de enchimento para o

enchimento de Bitter kola

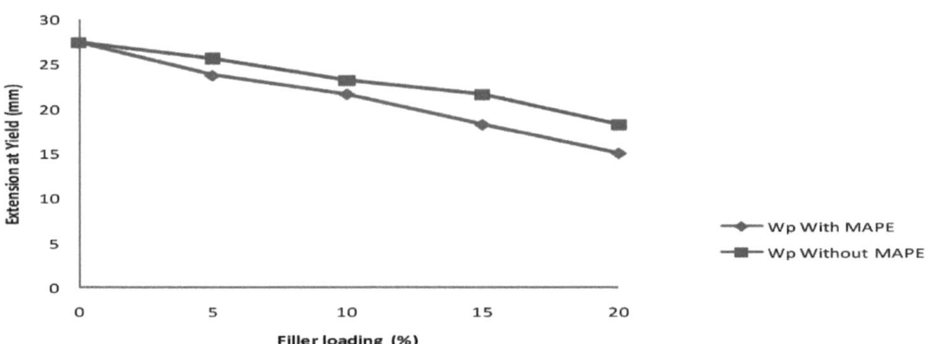

Fig 4.6: Um gráfico da extensão no rendimento contra a carga de enchimento para o enchimento de resíduos de papel

4.4 MÓDULO DE ELASTICIDADE

4.4.1 EFEITO DA CARGA DE ENCHIMENTO NO MÓDULO DE ELASTICIDADE

As Tabelas A.7 e A. 8 apresentam o módulo de elasticidade das cargas de bitter kola/resíduos de papel produzidas com e sem o compatibilizador MAPE em função do teor de carga. O efeito da carga de enchimento no módulo de elasticidade das cargas de bitter kola e resíduos de papel produzidas com e sem o compatibilizador MAPE é mostrado nas Figuras 4.7 e 4.8.

Os gráficos indicam claramente que o módulo de elasticidade dos dois materiais de enchimento aumentou com o aumento da carga de enchimento. Isto deve-se ao facto de, com uma carga de enchimento elevada, o compósito ser capaz de suportar cargas maiores. Os componentes orgânicos e inorgânicos dos resíduos de papel melhoraram a rigidez do compósito. Por conseguinte, a adição de resíduos de papel melhorou o módulo do compósito. Mais ainda, a kola amarga contém uma quantidade apreciável de fibras para dar uma estrutura rígida, fazendo assim com que a sua incorporação melhore o módulo do compósito.

O compósito produzido com o compatibilizador MAPE apresenta módulos elásticos mais elevados em comparação com o compósito produzido sem o compatibilizador MAPE.

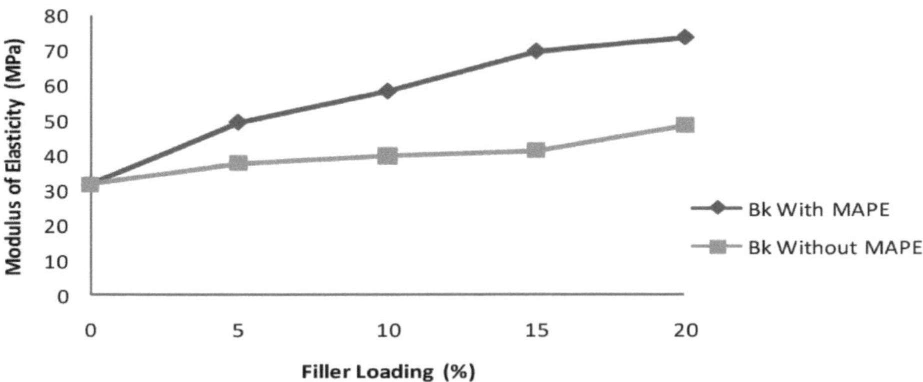

Fig. 4.7: Um gráfico do módulo de elasticidade em função da carga de enchimento para o enchimento de Bitter kola

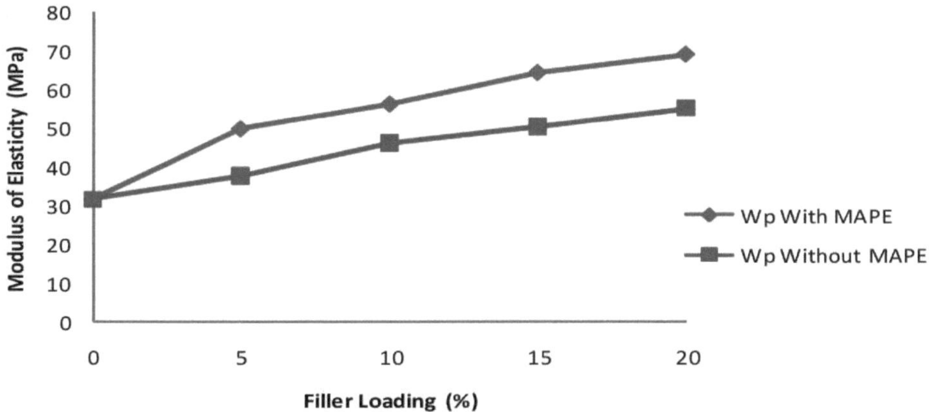

Fig. 4.8: Gráfico do módulo de elasticidade em função da carga de enchimento para o enchimento de resíduos de papel

4.5 ENERGIA DE IMPACTO

4.5.1 EFEITO DA CARGA DE ENCHIMENTO NA ENERGIA DE IMPACTO

A resistência ao impacto representa a tenacidade dos materiais sob deformação de elevada taxa de deformação. O método de ensaio de energia de impacto Charpy foi efectuado nas amostras de ensaio. Os valores de energia de impacto dos compósitos registados durante os ensaios de impacto são apresentados nos Quadros A.9 e A.10. Mostra-se que a resistência à carga de impacto dos compósitos de polietileno de baixa densidade reforçados com resíduos de papel/cola amarga melhorou com o aumento da carga de enchimento, como se mostra nas Figuras 4.9 e 4.10.

O aumento da carga de enchimento resultou na rigidez e no endurecimento do compósito, aumentando assim a energia de impacto do compósito. Para um determinado material, a energia de impacto diminuirá se a tensão de cedência for aumentada, ou seja, se o material sofrer algum processo que o torne mais frágil e menos capaz de sofrer deformação plástica. A tensão de cedência (alongamento à cedência) diminui à medida que a carga de enchimento aumenta, pelo que a resistência ao impacto aumenta. Em muitas aplicações de engenharia de materiais compósitos, podem esperar-se elevadas taxas de deformação ou cargas de impacto. A adequação de um compósito a essas aplicações deve, por conseguinte, ser determinada não só pelos parâmetros de conceção habituais, mas também pelas suas propriedades de impacto ou de absorção de energia.

O compósito produzido com o compatibilizador MAPE apresentou uma maior resistência ao impacto em comparação com o compósito produzido sem o compatibilizador MAPE. Isto deve-se ao efeito de reforço do MAPE na ligação interfacial entre o material de enchimento e o polímero da matriz.

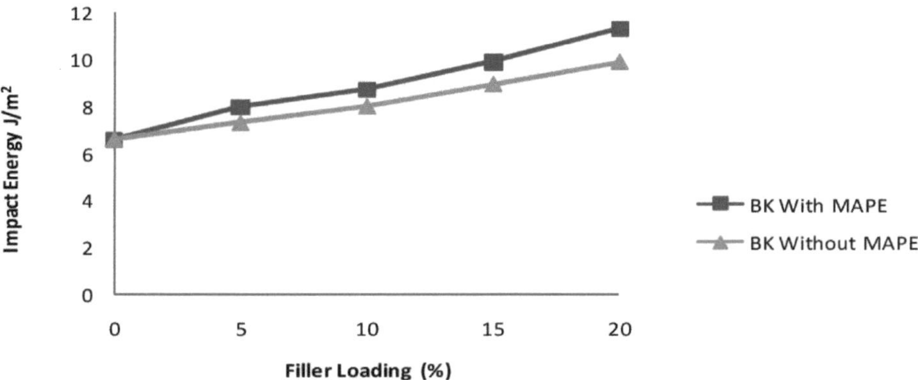

Fig 4.9: Um gráfico da energia de impacto (J/m^2) em relação à carga de enchimento para o enchimento de Bitter kola

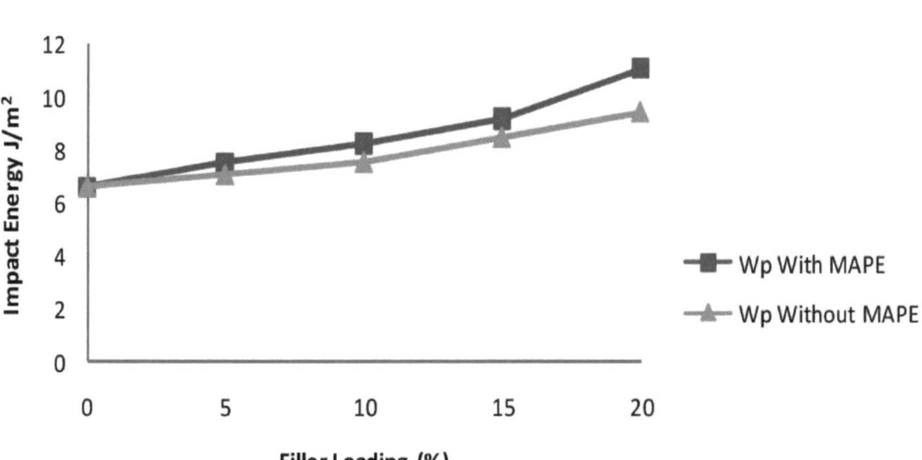

Fig. 4.10: Um gráfico da energia de impacto (J/m^2) em função da carga de enchimento para o enchimento de resíduos de papel

4.6 TESTE DE DUREZA

4.6.1 EFEITO DA CARGA DE ENCHIMENTO NO ENSAIO DE DUREZA

Os resultados dos testes de dureza das cargas de resíduos de papel e de kola amarga no PEBD com e sem o compatibilizador MAPE, respetivamente, são mostrados nas Tabelas A.11 e A.12. As Figuras 4.11 e 4.12 mostram o efeito dos testes de dureza dos resíduos de papel e das cargas de kola amarga no PEBD com e sem o compatibilizador MAPE, respetivamente, em função da carga de carga. Foi utilizado o método de ensaio de dureza Brinell para as amostras de ensaio. O aumento da carga de enchimento deu origem a um aumento da dureza do compósito. Isto pode ser atribuído ao facto de que mais carga de enchimento incorporada na matriz faz com que o compósito se torne rígido. O aumento da carga de enchimento aumenta a capacidade do polímero para resistir à deformação plástica. É bem sabido que a dureza depende originalmente de alguns factores importantes, tais como: tipo de forças de ligação entre as moléculas e tipo de superfície e outras condições efectivas. O compósito de resíduos de papel produzido com o compatibilizador MAPE apresenta um valor mais elevado de dureza em comparação com o produzido sem o compatibilizador MAPE. Isto também foi observado com o enchimento de kola amarga. Isto indica que o MAPE pode reagir com a matriz, o que pode levar a um aumento da dureza do compósito.

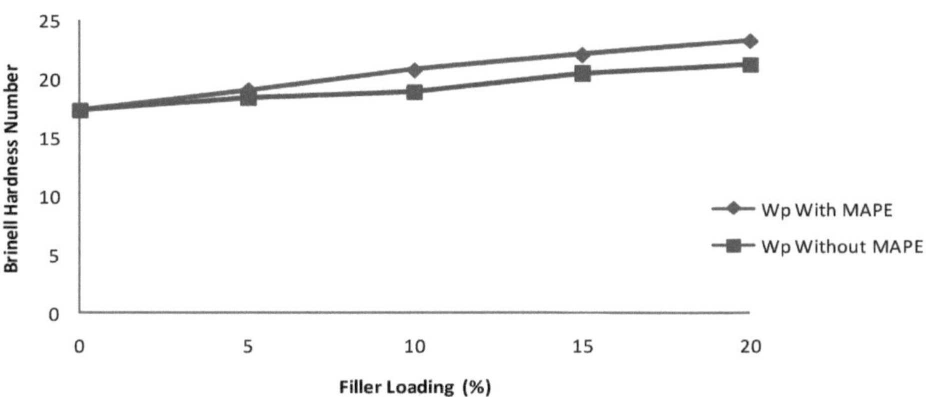

Fig. 4.11: Gráfico do ensaio de dureza Brinell em função da carga de enchimento para o enchimento de resíduos de papel

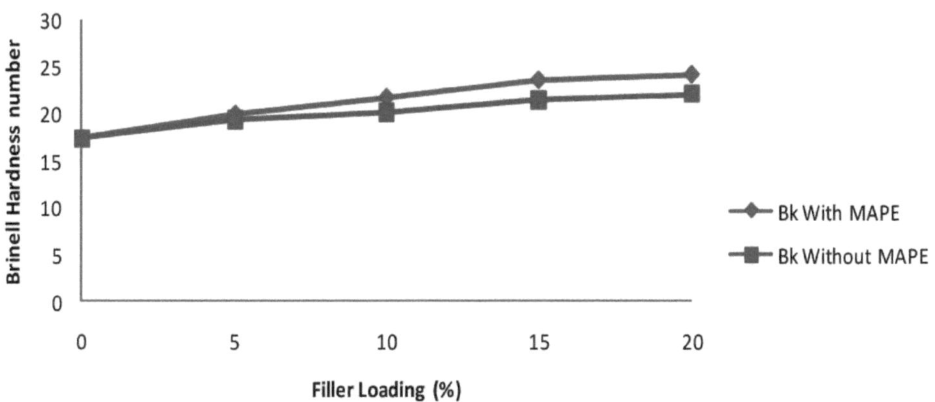

Fig. 4.12: Um gráfico do teste de dureza Brinell em função da carga de enchimento para o enchimento de Bitter kola

4.7 EFEITO DO MAPE NAS PROPRIEDADES MECÂNICAS DO COMPÓSITO DE LDPE PREENCHIDO COM RESÍDUOS DE PAPEL/COLA AMARGA

O anidrido maleico-graft-poli etileno (MAPE) tem sido utilizado como agente de acoplamento em alguns compósitos poliméricos para melhorar a força de ligação interfacial entre a carga e o polímero da matriz (Bikaris e Panayiotou 1997).

Este estudo revela que a adição de MAPE aumenta a resistência à tração e o módulo de compósitos preenchidos com kola amarga e resíduos de papel, mas menos para kola amarga e resíduos de papel na ausência de MAPE. De facto, o MAPE como agente compatibilizante tem um impacto positivo nas propriedades de tração (resistência à tração e módulo de tração). Isto deve-se ao seu efeito de reforço na ligação interfacial entre o material de enchimento e o polímero da matriz. Assim, o agente de acoplamento MAPE com uma estrutura semelhante à da matriz é enxertado na carga, o que é útil para melhorar a adesão interfacial.

Os grupos anidrido presentes no agente de acoplamento MAPE podem ligar-se covalentemente aos grupos hidroxilo da superfície do material de enchimento. Qualquer anidrido maleico que tenha sido convertido para a forma ácida pode interagir com a superfície da fibra através de interações ácido-base. O agente compatibilizante reagiu quimicamente com as cargas e a matriz para formar a polimerização de enxerto. (Maldas et al, 1989)

Através da desidratação, os ácidos duplos do MAPE são transferidos como grupos de anidrido maleáico com um anel fechado, mas esta reação é reversível. Com um iniciador, algumas moléculas de polietileno e MAPE transformam-se em radicais livres. Os não radicais podem combinar-se com radicais livres para formar novos radicais. Dois radicais de polietileno podem combinar-se e formar uma nova molécula de polietileno com maior peso molecular. Um radical de polietileno pode reagir com um radical MAPE para formar uma molécula de polietileno enxertada com anidrido maleáico. (Maldas et al, 1989)

Sabe-se que uma forte adesão entre a interface do material de enchimento e da matriz provoca uma melhor transferência de tensão da matriz para o material de enchimento, o que conduz a uma maior resistência à tração. Sem a modificação química, existe simplesmente uma adesão do polímero ao material de enchimento através de uma ligação fraca, ou seja, interações de van der Waals ou de indução.

A melhoria da ligação interfacial e da resistência interfacial também foi registada nos testes de energia de impacto e de dureza, respetivamente. Sem o tratamento MAPE, a região interfacial estava fracamente ligada. Sob carga, os compósitos foram danificados principalmente ao longo das ligações interfaciais frouxas e fracas entre a fibra de enchimento e os termoplásticos.

Para os compósitos com tratamento MAPE, os enchimentos de resíduos de papel/cola amarga foram combinados com termoplásticos através de ligação covalente ou ligação interfacial forte e a interface foi reforçada com agentes de acoplamento, resultando assim numa estrutura interfacial mais forte.

A estrutura da espinha dorsal do agente de acoplamento também afectou a força de ligação interfacial dos compósitos resultantes. O número de ácido e o peso molecular do agente de acoplamento foram os dois parâmetros mais importantes para a força de ligação interfacial.

Por outro lado, a extensão no escoamento e a extensão na rutura dos compósitos produzidos com MAPE apresentaram uma diminuição quando comparados aos produzidos sem MAPE. O agente de acoplamento melhora a resistência do compósito, indicando assim a interferência do agente de acoplamento na mobilidade da matriz, ou seja, reduzindo a ductilidade da matriz polimérica. No entanto, isto resultou num aumento da fragilidade do compósito.

4.8 APLICAÇÕES DE UTILIZAÇÃO FINAL

As folhas de polietileno de baixa densidade são ideais para muitas aplicações nas indústrias química, de revestimento e outras, devido à sua combinação de propriedades. Tem excelentes propriedades químicas e eléctricas, não é tóxico e tem uma permeabilidade muito baixa à água.

As chapas de polietileno de baixa densidade têm uma excelente resistência química aos álcalis, às soluções salinas, à maioria dos solventes e aos ácidos minerais fortes; no entanto, não são resistentes a agentes oxidantes fortes, como o ácido nítrico fumante, o peróxido de hidrogénio e o ácido clorossulfúrico.

No entanto, a química do polietileno de baixa densidade tem algumas propriedades intrínsecas, por exemplo, a falta de transparência ótica, a geração de estática que conduz à atração de poeiras e uma biodegradabilidade muito fraca. Estes problemas são geralmente ultrapassados através da incorporação de cargas orgânicas ou inorgânicas.

As propriedades mecânicas são extremamente importantes para a utilização final dos polímeros. As propriedades mecânicas dos compósitos plásticos, tais como a rigidez, a força, a resistência ao impacto, etc., desempenham um papel importante na determinação da adequação destes produtos a várias aplicações.

Os compósitos de papel usado/polímero de PEBD de cola amarga representam a base deste estudo e são considerados para utilização como telhas de plástico na indústria da construção/acabamento.

Os ladrilhos de plástico são geralmente fabricados com diferentes tipos de resinas e são depois misturados com cargas, pigmentos, extensores e estabilizadores. A técnica de processamento utilizada para produzir telhas de plástico com uma determinada espessura depende do tipo de resina utilizada. Os materiais dos ladrilhos de plástico são também mais baratos, mais leves e mais fáceis de transportar. O material será mais seguro e mais rápido de instalar.

CAPÍTULO 5

5.0 CONCLUSÕES E RECOMENDAÇÕES

5.1 CONCLUSÕES

Esta investigação experimental sobre o comportamento mecânico dos compósitos PEBD de papel usado/pó de cola amarga levou às seguintes conclusões:

1. O fabrico bem sucedido de compósitos à base de LDPE reforçados com enchimentos de resíduos de papel/kola amarga.

2. Verificou-se que as propriedades mecânicas dos compósitos, tais como a resistência à tração, a extensão na rutura, o módulo de elasticidade, o ensaio de dureza e o ensaio de resistência ao impacto dos compósitos, são grandemente influenciadas pela carga de enchimento.

3. O aumento da carga de enchimento aumenta a energia de impacto e o ensaio de dureza das amostras

4. O polietileno de anidrido maleico (MAPE) tem uma grande influência nas propriedades mecânicas, como a resistência ao impacto e o módulo de elasticidade, e pouco efeito na dureza. Isto deve-se ao facto de o tratamento com MAPE melhorar a propriedade de adesão da superfície da carga através da remoção da hemicelulose (resíduos de papel), produzindo assim uma topografia de superfície rugosa. Esta topografia oferece uma melhor aderência da interface entre o material de enchimento e a matriz e um aumento das propriedades mecânicas.

As cargas sob investigação mostraram os seus efeitos no compósito com diferentes percentagens de carga, e verificou-se que as propriedades mecânicas dos compósitos produzidos são uma função da adesão matriz-carga, da dispersão da carga e do tamanho das partículas. Estas propriedades podem fazer com que os compósitos produzidos sejam desejáveis para aplicações com menor resistência e elevada rigidez.

No entanto, a utilização de resíduos de papel e de cola amarga como cargas constituiu uma grande vantagem em termos de propriedades nos compósitos de polietileno de baixa densidade. Uma vez que o custo das cargas é muito inferior ao da matriz polimérica, uma carga de carga mais elevada resulta definitivamente numa poupança significativa de custos de material. A utilização destes tipos de carga foi identificada principalmente com base na sua abundância, disponibilidade e baixo custo como fonte de resíduos; a kola amarga também foi identificada e estudada com base na abundância e disponibilidade, e como resíduo quando o sumo foi extraído. A kola amarga utilizada como atributo medicinal substitui o lúpulo nas indústrias cervejeiras, uma vez que apenas o sumo é utilizado, criando assim palha que serve de resíduo. Estes materiais, que de outra forma seriam eliminados, são agora utilizados como um novo material reciclado, o que pode levar à produção de produtos economicamente viáveis, com consequências positivas para a empresa de reciclagem e para a sociedade em geral.

O objetivo deste trabalho de investigação não é substituir totalmente as cargas de base inorgânica pelas cargas utilizadas. Espera-se que desenvolvam o seu nicho na conceção e fabrico, e que criem oportunidades nas indústrias de plásticos.

5.2 RECOMENDAÇÕES

A incorporação de resíduos de papel e de bitter kola como cargas em polietileno de baixa densidade foi conseguida e diz-se que é um empreendimento economicamente compensador. No entanto, este projeto abrirá caminho a mais trabalhos de investigação sobre a utilização da kola amarga como matéria-prima em trabalhos de investigação, para além dos trabalhos medicinais já realizados com ela. Quando a cola amarga é utilizada para substituir o lúpulo na indústria cervejeira, apenas o sumo é aproveitado, dando origem a palha, que é depois um resíduo. Uma vez que este trabalho foi efectuado, é necessário realizar mais trabalhos de investigação sobre a utilização da palha de kola amarga para explorar a sua potencial utilização nas indústrias.

Este trabalho pode ser alargado para estudar outros aspectos destes compósitos, tais como:

a) Os tratamentos químicos para modificação da superfície, o efeito da orientação da carga, o padrão de carga e o tratamento da carga no comportamento mecânico dos compósitos à base de polímeros e os resultados experimentais resultantes podem ser analisados de forma semelhante.

b) A variação de fase das cargas pode ser estudada, e o estudo de propriedades como a fluência, a fadiga, a resistência ao corte e as propriedades eléctricas.

REFERÊNCIAS

Adebisi, A.A. (2004). A case Study of *Garcinia kola* nut Production-to-Consumption System in J4 Area of Omo Forest Reserve, South-west Nigeria. pp 115-132 in Sunderland T & Ndoye O (eds) *Forest products, livelihoods and conservation: Case studies of Non-timber Forest Product Systems.* África. CIFOR. 2: 25-35.

Ahmadhilmi, K. R., Abubakar, A. e Rozman, H. D. (2004). Compósitos de poliuretano (PU)-cacho de frutos vazios de óleo de palma (EFB): O Efeito do Reforço FBG em Forma de Esteira e do Tratamento com Isocianato nas Propriedades Mecânicas. Ensaios de Polímeros. 23: 559-565.

Ahmed, S. e F. R. Jones (1990). A Review of Particulate Reinforcement Theories for Polymer Composites (Uma Revisão das Teorias de Reforço de Partículas para Compósitos de Polímeros). *Journal of Material Science* 25: 4933-4942.

Aiyelaagbe, I.O., Labode Popoola, Adeola, A.O., Obisesan, K.O. e Ladipo, D.O. (1996). *Garcinia kola:* Its Prevalence, Farmer Valuation, and Strategies for its Conservation in the Rainforest of Southeastern Nigeria. Documento apresentado no Workshop sobre a floresta tropical do sudeste da Nigéria e do sudoeste dos Camarões. 21-23 de outubro, Parque Nacional de Cross River, Obudu Ranch, Nigéria.

Akintonwa A., Essien A.R. (1990). Efeitos protectores do extrato de sementes de *Garcinia Kola* contra a hepatotoxicidade induzida pelo paracetamol em ratos. J. Ethnopharmacol. 29: 207211.

Ang, L. G., Tay, G. S., Abubakar, A. e Rozman, H. D. (2003). As propriedades mecânicas dos compósitos de casca de arroz-poliuretano. *Polymer Plastic Technology Eng*, 42: 327-343.

Arib, R.M.N. (2003). Propriedades Mecânicas de Compósitos Laminados de Polipropileno Reforçados com Fibra de Folha de Ananás. Universiti Putra Malaysia. Tese de Mestrado. Pg 45-49.

Arridge, R. G. C. (1991). Compósitos Particulados. Enciclopédia Internacional de Compósitos - Volume 6. S. M. Lee. Nova Iorque, VCH Publishers: p 235-251.

Ashby, F. M. e Jones, R. H. David (1998). Materiais de Engenharia 2. An Introduction to Microstructure, Processing and Design. 2nd Edition. Butterworth- Heinemann, Oxford. Pg 271-289.

Bankim, Ch. Ray (2005) Loading Rate Effects on Mechanical Properties of Polymer Composites at Ultra-low Temperatures *Journal of Applied Polymer Science.*24:713

Billmeyer, W. F. (2002). Textbook of Polymer Science. 3rd Edition. John Wiley and Sons, Singapura. Pg 361-364.

Bikiaris, D., e C. Panayiotou (1997). Misturas de LDPE/algodão compatibilizadas com copolímeros PE- g-MA. *J. Appl. Polym. Sci.* 70: 1503-1521.

Brennan, J. J. e Jermyn, T. E. (1965). Propriedades de misturas de borracha natural e borracha de butadieno reforçadas a preto. *J. Applied Sci.* 9: 27.

Brostow, W., Datashvili, T., Huang, B. e Too, J. (2009). Propriedades de tração de compósitos de LDPE e Boehmite. Wiley InterScience. Pg 245-252.

Corbiere-Nicollier T, Laban B. G, Lundquist L, Leterrier Y. Manson J. A. E e Jolliet O. (2001). Life Cycle Assessment of Bio-fibres Replacing Glass Fibres as Reinforcement in Plastics (Avaliação do ciclo de vida das biofibras que substituem as fibras de vidro como reforço em plásticos). Resources, Conservation and Recycling, 33(4): 267-287.

Dahlia, Z., Salmah, H. e Azlin, O. (2009). O Efeito do Trietileno Diamina nas Propriedades dos Compósitos de Espuma de Resíduos de Papel. *Jornal de Ciências Físicas,* Vol. 20(1): 49-57.

DeRoover, B., Deaux, J. e Legras, R. (1996). *J. Polym. Sci: Pt. A: Polymer. Chem.* 34, 1195.

Dodson, C. T. J. e P. T. Herdman (1980). Mechanical Properties of Paper (Propriedades Mecânicas do Papel). Handbook of Paper Science - 2 - The Structure and Physical Properties of Paper. H. F. Rance. Nova Iorque, Elseveir. 2: 71-126.

Doremus, R. H. (2002). Viscosidade da sílica. *J. Appl. Phys.* 92 (12): 7619-7629.

Dosunmu M.I., Johnson E.C. (1995). Avaliação química do valor nutritivo e alterações no teor de ácido ascórbico durante o armazenamento do fruto de 'Bitter Kola' (*Garcinia kola*). Food Chem, 54: 67-71.

Egwakhide, P.A., Akporhonor, E.E. e Okieimen F. E. (2007). Efeito do enchimento de fibra de coco nas caraterísticas de cura, propriedades físico-mecânicas e de inchamento dos vulcanizados de borracha natural, *International Journal of Physical Science.* 2 (2): 39.

Eleyinmi, A. F., Bressler, D. C., Amoo, I. A., Sporns, P. e Oshodi, A. A. (2006). Chemical Composition of Bitter Cola (*Garcinia Kola*) Seed and Hulls (Composição Química de Sementes e Cascas de Cola Amarga (*Garcinia Kola*)). Jornal Polaco de Ciências da Alimentação e Nutrição, 15/56 (4): 395-400

Fujii, T., Yamamoto, Y. e Okubo, K. (2004). Desenvolvimento de compósitos de polímero à base de bambu e suas propriedades mecânicas. Compósitos: Parte A: *Ciência Aplicada e Fabricação*, 35: 377-383.

George, J., Bhagawan, S.S. e Thomas, S. (1996). Thermogravimetric and Dynamic Mechanical Thermal Analysis of Pineapple Fibre Reinforced Polyethylene Composites. *Journal of Thermal Analysis,* 47: 1121-1140.

George J, Sreekala M. S e Thomas S (2001). Uma Revisão sobre Modificação de Interface e Caracterização de Compósitos Plásticos Reforçados com Fibras Naturais. *Engenharia e Ciência de Polímeros.* 41(9): 1471-1485.

Glomb, J. W. e D. D. Mulligan (1989). Paper and Paperboard. Enciclopédia Concisa de Materiais Compósitos. A. Kelly. NSW, Pergamon Press: 217-227.

Groot, J.de, Hollander, J.G. e deBleijser, J. (1997). *Macromolecules* 30, 6884.

Gowariker, V. R et al. (1986). Polymer Science. 1st Edition. New Age International Publisher Ltd., Delhi. Pg 215-216.

Gowda T. M, Naidu A. C. B, e Chhaya R. (1999). Algumas Propriedades Mecânicas de Compósitos de Poliéster Reforçados com Tecido de Juta Não Tratados. Journal of Composites Part A: Applied Science and Manufacturing. 30(3): 277-284.

Hamm, U. (2000). Recycled Fibre and Deinking. Finlândia, TAPPI Press. Pg 134-137.

Heinen W, Rosenmoller C-H, Wenzel C-B, de Groot J-M, Lugtenburg, (1996). ^{13}C NMR Study of the Grafting of Maleic Anhydride onto Polyethylene, Polypropylene, and Ethene-Propene Copolymers, *Macromolecules*, 29, 1151-1157.

Ishida, H. (1984). Polymer Composites. 5: 101.

Joffe, R., Wallstrom, L. e Berflund, L. A. Natural Fibre Composites Based on Flax Matrix Effects. Actas do Colóquio Científico Internacional, Modelação para a Poupança de Recursos, Riga, 17 de maio de 2001.

Joseph K. e Thomas S. (1993). Propriedades Mecânicas Dinâmicas do Compósito de Polietileno de Baixa Densidade Reforçado com Fibras Curtas de Sisal. *Journal of Reinforced Plastic and Composites.12* (2): 139-155.

Joseph S, Sreekala M. S, Oommen Z, Koshy P e Thomas S (2002). A Comparison of the Mechanical Properties of Phenol Formaldehyde Composites Reinforced with Banana Fibres and Glass Fibres. *Composites Science and Technology*. 62(14): 18571868.

Kannan, R., Yaakob, Y. M., Sihombing, H., e Perumal, P., (2008). Estudo da Condição Óptima para a Indução da Cera de Parafina LDPE. *Revista Internacional de Engenharia e Tecnologia,* 10 (4): 9.

Karnani R., Krishnan M., e Narayan R. (1997). Compósitos de polipropileno reforçados com biofibras. *Engenharia e Ciência de Polímeros,* 37: 476.

Ladipo, D.O. (1995). Taxa de crescimento fisiológico/morfológico e produção de frutos/nozes em árvores *de Garcinia kola* em solo ácido de Onne, Port-Harcourt. *Relatório interno do ICRAF.*

Laly A. Pothana, Zachariah Oommenb, e Thomas S, (2003). Dynamic Mechanical Analysis of Banana Fibre Reinforced Polyester Composites (Análise Mecânica Dinâmica de Compósitos de Poliéster Reforçados com Fibra de Banana). *Composites Science and Technology,* 63(2): 283-293.

Maldas, D., B. V. Kokta, e C. Daneault. 1989. Influência de agentes de acoplamento e tratamentos nas propriedades mecânicas de compósitos de fibra de celulose-poliestireno. J. Appl. Polym. Sci. 37: 751-775.

Mansur M.A e Aziz M. A. (1983). Estudo de Compósitos de Cimento Reforçado com Malha de Bambu Int. Cement Composites and Lightweight Concrete. 5(3): 165-171.

Martin-Gil J, Martín-Gil FJ, De Andrés Santos AI, Ramos-Sánchez MC, Barrio-Arredondo MT, Chebib-Abuchala N. (1997). Comportamento térmico de óleos de silicone de qualidade médica. *J Anal Appl Pyrolysis* 42 (2): 151-158.

Mathews, F. L. e R. D. Rawlings (1994). Composite Materials: Engineering and Science. Londres, Chapman & Hall. Pg 341-343.

Michael Bolgar, Jack Hubball, Joe Groeger e Susan Meronek (2008). For the Chemical Analysis of Plastic and Polymer Additives (Para a Análise Química de Aditivos para Plásticos e Polímeros). CRC, Press.

Milena Koleva, Venceslav Vassilev, Gergo Vassilev (2007). Compósitos poliméricos contendo poeira residual da produção de energia. *Macedonian Journal of Chemistry and Chemical Engineering,* 27 (1): 47-52.

Miyahara H, Nakajima A, Wada J, Yanabu S (junho de 2006). *Caraterísticas de rutura do isolamento combinado em óleo de silicone para aparelhos de energia eléctrica.* "2006 IEEE 8th International Conference on Properties and applications of Dielectric Materials". *Propriedades e aplicações dos materiais dieléctricos, 2006. 8ª Conferência Internacional:* 661-664.

Mu'nker M. e Holtmann R., Improvement of the Fibre/Matrix-Adhesion of Natural Fibre Reinforced Polymers (Melhoria da adesão fibra/matriz de polímeros reforçados com fibras naturais). Actas do 43° Simpósio e Exposição da Sociedade Internacional para o Avanço da Engenharia de Materiais e Processos (SAMPE), 2123. Anaheim, CA: SAMPE (1998).

Myers, G.E., Chahyadi, I.S., Coberly, C.A. e Ermer, D.S. (1991). Wood Flour/ Polypropylene Composites: Influence of Maleic Polypropylene and Process and Composition Variables on Mechanical Properties. *International J. Polymeric Mater,* 15: 21-44.

mywikipedia.0co.us

Najat, J. S e Shnean, Z. Y., (2008). Melhoria do Polietileno de Baixa Densidade Produzido Localmente. *Journal of Eng. & Tech,* 26 (9): 1061.

Nakamura, R., Goda, K., Noda, J. e Ohgi, J. (2009). Propriedades de tração a alta temperatura e estampagem profunda de compósitos totalmente verdes. *Express Polymer Letters,* 3: 19-24.

Nam, T. H., Ogihara, S., Tung, H. N. e Kobayashi, S. (2011). Propriedades mecânicas e térmicas de compósitos biodegradáveis de poli (succinato de butileno) reforçados com fibra de coco curta. *Journal of Solid Mechanics and Materials Engineering,* 5 (6): 251.

Nielsen, L.E. (1974). Mechanical Properties of Polymers and Composites (Propriedades Mecânicas de Polímeros e Compósitos). Marcel Dekker, Inc., Nova Iorque. Pg 267-271.

Nicolais, L. e M. Narkis (1971). Stress-Strain Behaviour of SAN/Glass Bead Composites in the Glassy Region (Comportamento tensão-deformação de compósitos SAN/esferas de vidro na região vítrea). Polym. Eng. Sci. 11: 194-199.

Ntamag, C. N. (1997). Spatial Distribution of Non-Timber Forest Production

Collection (Distribuição Espacial da Coleção de Produção Florestal Não-Madeira): A Case study of South Cameroon. Dissertação de Mestrado, Universidade Agrícola de Wageningen, Países Baixos. Pg 45-49.

Okafor, J.C. (1998). Propagação em massa de espécies para utilização imediata. Trabalho apresentado na reunião de culturas subutilizadas da Nigéria. 4-8 de maio de 1998. *NACGRAB Moor Plantation, Ibadan, Nigéria.*

Okieimen, F. E. e Imanah, J. E. (2003). Caracterização de produtos de resíduos agrícolas como enchimentos em formações de borracha natural. *Nigeria Journal of Polymer Technology,* 3 (1): 201.

Pothan L. A, Thomas S e Neelakantan (1997). Compósitos de poliéster reforçados com fibras curtas de bananeira: Caraterísticas mecânicas, de falha e de envelhecimento. *Journal of Reinforced Plastics and Composites (Jornal de Plásticos Reforçados e Compósitos*). 16(8): 744-765.

Prasad, S.V., C. Pavithram, e P.K. Rohatgi, (1983); Alkali treatment of coir fibres for coir-polyester composites, *J. Mater. Science,* 18 1443.

Priola, A., Bongiovanni, R.e G. Gozzelino, (1994). *Eur. Polym. J.* 30(9), 1047.

Raj, R. G. e B. V. Kokta (1989). Compounding of Cellulose Fibres with Polypropylene: Effect of Fibre Treatment on Dispersion in the Polymer Matrix. *Journal of Applied Polymer Science,* 38: 1987-1996.

Ray, B. C. (2005); Loading Rate Effects on Mechanical Properties of Polymer Composites at Ultra-low Temperatures. Journal of Applied Science. 1: 1-13.

Recycling Operators of New Zealand Inc (RONZ) LDPE Plastic Packaging. Disponível em www.ronz.org.nz. (Publicado em 2004).

Rizvi, G. M., Park, C. B., e Lin, W. S. (2003). Mecanismos de expansão de espumas compostas de plástico/farinha de madeira com humidade, voláteis gasosos dissolvidos e bolhas de gás não dissolvidas. *Polymer Engineering and Science* 43(7): 1347-1360.

Richardson, M. O. W. (1977). Polymer Engineering Composites. Londres, Applied Science Publishers.

Rowell RM, Young RA, Rowell JK (1997). Paper and composites from Agro-based resources. CRC Lewis Publishers, Boca Raton FL.

Salmah, H., Ruzaidi, C. M. e Suhaiza, A. H. (2004). Efeito do compatibilizador nas propriedades mecânicas e na morfologia dos compósitos de polietileno de baixa densidade (LDPE) com enchimento de argila. Universiti Malaysia Perlis (UNIMAP) 02600 Jejawi, Perlis, Malásia.

Sanjay Kindo (2010). Estudo do comportamento mecânico de compósitos de matriz polimérica reforçados com fibra de coco. Instituto Nacional de Tecnologia de Rourkela. Tese de Bacharelato.

Sastra, H. Y., Siregar, J. P. Sapuan, S. M. e Hamdan, M. M. (2006). Propriedades de tração de compósitos de epóxi reforçados com fibras de Arenga Pinnata. *Polymer Plastic Technology Eng,* 45: 149-155.

Satyanarayana K. G, Sukumaran K, Kulkarni A. G, Pillai S. G. K, e Rohatgi, P. K, (1986); Fabrication and Properties of Natural Fibre-Reinforced Polyester Composites. *Composites*, 17(4): 329-333.

Ski, K. B. (1970); Engineering Materials: properties and Selection. Reston Publishing, Nova Iorque.

Shenoy, A. V. (1999). Rheology of Filled Polymer Systems. Dordrech, Kluwer Academic Publishers.

Ski, K.B. (1970). Materiais de Engenharia. Properties and Selection. Reston Publishing, Nova Iorque.

Soumya Ranjan Sethy (2011). Um estudo sobre o comportamento mecânico de compósitos poliméricos à base de fibras naturais modificadas à superfície. Instituto Nacional de Tecnologia de Rourkela. Tese de bacharelato.

Sreekala M.S., Kumaran M.G., Joseph S., Jacob M., e Thomas S., (2000). Compósitos de fenol formaldeído reforçados com fibras de óleo de palma: Influência das modificações da superfície das fibras no desempenho mecânico. *Applied Composite Material,* 7: 295329.

Stafford, B. (1998). AUSNEWZ Pulp and Paper, Wastepaper in Australia. Hobart, AUSNEWZ

Uma Devi, L., Bhagawan, S.S. e Thomas, S. (1997). Propriedades Mecânicas de Compósitos de Poliéster Reforçados com Fibra de Folha de Ananás. *Journal of Applied Polymer Science,* 64: 1739-1748.

Vajrasthira, C., T. Amornsakchai e S. B Limcharoen (2003). Fibre-matrix interactions in Aramid-Short-Fibre-Reinforced Thermoplastic Polyurethane Composites. *Journal of Applied Polymer Science*, 87: 1059-1067.

Wang, N., Lu, Y., Du, Y. e Zhang. L. (2004). Propriedades de compósitos de poliuretano com ligações cruzadas de caseína/água. *Journal of Applied Polymer Science,* 91: 332-338.

www.silicon-silicone.com

Wypych, G. (2000). Handbook of Fillers - A Definitive User's Guide and Databook (2ª Edição). Toronto, ChemTec Publishing. Pg 245-269.

Yang L, Zhang F, Endo T, Hirotsu T, (2002). Caracterização estrutural do polietileno enxertado com anidrido maleico por espetroscopia de RMN de ^{13} C, *Polymer,* 43, 2591-2594.

Zadorecki, P. (1989). Perspectivas Futuras para a Celulose de Madeira como Reforço em Compósitos de Polímeros Orgânicos. Polymer Composites 10: 69-77.

APÊNDICES

ESPECIFICAÇÕES DE FUNCIONAMENTO DA MÁQUINA DE ENSAIO UNIVERSAL INSTRON (UTM 1195)

A máquina de teste universal Instron (UTM 1195) para testar materiais tem um pacote de software de teste de componentes conhecido como Bluehill. Este pacote de software oferece a capacidade de simular curvas de tensão-deformação ou carga-extensão para uma grande variedade de aplicações, incluindo tensão, compressão, flexão, descamação, rasgamento, fricção e testes cíclicos. O software inclui mais de 50 métodos de ensaio pré-configurados e dados de demonstração que cumprem uma variedade de normas de ensaio reconhecidas internacionalmente. As sequências envolvem a especificação e o tipo de ensaio, transferindo a interface do painel de controlo para a interface do computador. A Bluehill inclui uma extensa biblioteca incorporada com cálculos normalizados em conformidade com as normas americanas para materiais de ensaio (ASTM), a Organização Internacional de Normalização (ISO), as normas britânicas (BS), etc. No entanto, o software incorporado na máquina efectua todos os cálculos à medida que a força aumenta, de modo a que os pontos de dados possam ser representados graficamente numa curva tensão-deformação.

As Tabelas A1 a A16 nos apêndices são os valores obtidos da UTM 1195 durante os ensaios mecânicos dos compósitos de resíduos de papel e kola amarga. No entanto, as Tabelas A.1 a A. 12 são os valores das propriedades mecânicas do compósito analisado.

Tabela A1: Resultado do PEBD + 5% de Bitter Kola + Óleo de Silicone

	Length (mm)	Width (mm)	Thickness (mm)	Area (mm^2)
1	62.46000	10.15750	3.67000	37.27802

	Maximum Load (N)	Tensile strain at Maximum Load (%)	Tensile stress at Maximum Load (MPa)	Tensile strain at Yield (Zero Slope) (%)
1	311.59187	125.14683	8.35859	53.90099

	Tensile strain at Break (Standard) (%)	Tensile stress at Yield (Zero Slope) (MPa)	Tensile stress at Break (Standard) (MPa)	True stress at Break (Standard) (MPa)
1	223.42319	8.22933	0.37776	0.73663

	Tensile extension at Yield (Zero Slope) (mm)	Tensile extension at Break (Standard) (mm)	Energy at Yield (Zero Slope) (J)	Energy at Break (Standard) (J)
1	26.83355	139.55014	8.18489	39.73098

	Load at Yield (Zero Slope) (N)	Load at Break (Standard) (N)	Extension at Maximum Load (mm)	Extension at Yield (Zero Slope) (mm)
1	306.77305	14.08214	78.16671	26.83355

	Tensile extension at Maximum Load (mm)	True strain at Break (Standard) (mm/mm)	True strain at Maximum Load (mm/mm)	True stress at Maximum Load (MPa)
1	78.16671	1.17379	0.81158	18.81911

	True strain at Yield (Zero Slope) (mm/mm)	True stress at Yield (Zero Slope) (MPa)	Modulus (Automatic) (MPa)	Modulus (E-modulus) (MPa)
1	0.43114	12.66501	37.80854	-----

	Energy to X-Intercept at Modulus (Automatic) (J)	Y-Intercept at Modulus (Automatic) (MPa)	Energy to X-Intercept at Modulus (E-modulus) (J)	X-Intercept at Modulus (E-modulus) (mm/mm)
1	-----	0.62067	-----	-----

	Y-Intercept at Modulus (E-modulus) (MPa)	X-Intercept at Modulus (Automatic) (mm/mm)
1	-----	-0.01565

Tabela A2: Resultado do PEBD + 10% de Bitter Kola + Óleo de Silicone

	Length (mm)	Width (mm)	Thickness (mm)	Area (mm^2)
1	62.46000	10.15750	3.67000	37.27802

	Maximum Load (N)	Tensile strain at Maximum Load (%)	Tensile stress at Maximum Load (MPa)	Tensile strain at Yield (Zero Slope) (%)
1	299.73870	53.10073	8.04063	53.10073

	Tensile strain at Break (Standard) (%)	Tensile stress at Yield (Zero Slope) (MPa)	Tensile stress at Break (Standard) (MPa)	True stress at Break (Standard) (MPa)
1	86.05506	8.04063	0.34374	0.45348

	Tensile extension at Yield (Zero Slope) (mm)	Tensile extension at Break (Standard) (mm)	Energy at Yield (Zero Slope) (J)	Energy at Break (Standard) (J)
1	24.66671	53.74999	7.84503	12.93744

	Load at Yield (Zero Slope) (N)	Load at Break (Standard) (N)	Extension at Maximum Load (mm)	Extension at Yield (Zero Slope) (mm)
1	299.73870	12.81394	33.16671	24.66671

	Tensile extension at Maximum Load (mm)	True strain at Break (Standard) (mm/mm)	True strain at Maximum Load (mm/mm)	True stress at Maximum Load (MPa)
1	33.16671	0.62087	0.42593	12.31026

	True strain at Yield (Zero Slope) (mm/mm)	True stress at Yield (Zero Slope) (MPa)	Modulus (Automatic) (MPa)	Modulus (E-modulus) (MPa)
1	0.42593	12.31026	39.97733	-----

	Energy to X-Intercept at Modulus (Automatic) (J)	Y-Intercept at Modulus (Automatic) (MPa)	Energy to X-Intercept at Modulus (E-modulus) (J)	X-Intercept at Modulus (E-modulus) (mm/mm)
1	-----	0.60598	-----	-----

	Y-Intercept at Modulus (E-modulus) (MPa)	X-Intercept at Modulus (Automatic) (mm/mm)
1	-----	-0.01591

Tabela A3: Resultado do PEBD + 15% de Bitter Kola + Óleo de Silicone

	Length (mm)	Width (mm)	Thickness (mm)	Area (mm^2)
1	62.46000	10.15750	3.67000	37.27802

	Maximum Load (N)	Tensile strain at Maximum Load (%)	Tensile stress at Maximum Load (MPa)	Tensile strain at Yield (Zero Slope) (%)
1	283.32599	111.40453	7.60035	111.40453

	Tensile strain at Break (Standard) (%)	Tensile stress at Yield (Zero Slope) (MPa)	Tensile stress at Break (Standard) (MPa)	True stress at Break (Standard) (MPa)
1	158.05337	7.60035	0.28182	0.88207

	Tensile extension at Yield (Zero Slope) (mm)	Tensile extension at Break (Standard) (mm)	Energy at Yield (Zero Slope) (J)	Energy at Break (Standard) (J)
1	21.41687	98.72014	18.14321	26.21142

	Load at Yield (Zero Slope) (N)	Load at Break (Standard) (N)	Extension at Maximum Load (mm)	Extension at Yield (Zero Slope) (mm)
1	283.32599	10.50569	69.58327	21.41687

	Tensile extension at Maximum Load (mm)	True strain at Break (Standard) (mm/mm)	True strain at Maximum Load (mm/mm)	True stress at Maximum Load (MPa)
1	69.58327	0.94800	0.74860	16.70169

	True strain at Yield (Zero Slope) (mm/mm)	True stress at Yield (Zero Slope) (MPa)	Modulus (Automatic) (MPa)	Modulus (E-modulus) (MPa)
1	0.74860	16.70169	41.47534	-----

	Energy to X-Intercept at Modulus (Automatic) (J)	Y-Intercept at Modulus (Automatic) (MPa)	Energy to X-Intercept at Modulus (E-modulus) (J)	X-Intercept at Modulus (E-modulus) (mm/mm)
1	-----	0.59631	-----	-----

	Y-Intercept at Modulus (E-modulus) (MPa)	X-Intercept at Modulus (Automatic) (mm/mm)
1	-----	-0.01645

Tabela A4: Resultado do PEBD + 20% Bitter Kola + Óleo de silicone

	Length (mm)	Width (mm)	Thickness (mm)	Area (mm^2)
1	62.46000	10.15750	3.67000	37.27802

	Maximum Load (N)	Tensile strain at Maximum Load (%)	Tensile stress at Maximum Load (MPa)	Tensile strain at Yield (Zero Slope) (%)
1	237.72752	42.02689	6.37715	42.02689

	Tensile strain at Break (Standard) (%)	Tensile stress at Yield (Zero Slope) (MPa)	Tensile stress at Break (Standard) (MPa)	True stress at Break (Standard) (MPa)
1	119.67657	6.37715	0.23276	0.62115

	Tensile extension at Yield (Zero Slope) (mm)	Tensile extension at Break (Standard) (mm)	Energy at Yield (Zero Slope) (J)	Energy at Break (Standard) (J)
1	18.83328	74.74998	7.91745	25.86678

	Load at Yield (Zero Slope) (N)	Load at Break (Standard) (N)	Extension at Maximum Load (mm)	Extension at Yield (Zero Slope) (mm)
1	237.72752	8.67683	26.25000	18.83328

	Tensile extension at Maximum Load (mm)	True strain at Break (Standard) (mm/mm)	True strain at Maximum Load (mm/mm)	True stress at Maximum Load (MPa)
1	26.25000	0.78699	0.35085	14.73835

	True strain at Yield (Zero Slope) (mm/mm)	True stress at Yield (Zero Slope) (MPa)	Modulus (Automatic) (MPa)	Modulus (E-modulus) (MPa)
1	0.35085	14.73835	48.59063	-----

	Energy to X-Intercept at Modulus (Automatic) (J)	Y-Intercept at Modulus (Automatic) (MPa)	Energy to X-Intercept at Modulus (E-modulus) (J)	X-Intercept at Modulus (E-modulus) (mm/mm)
1	-----	0.63295	-----	-----

	Y-Intercept at Modulus (E-modulus) (MPa)	X-Intercept at Modulus (Automatic) (mm/mm)
1	-----	-0.01021

Tabela A5: Resultado do LDPE + 5% de resíduos de papel + óleo de silicone

	Length (mm)	Width (mm)	Thickness (mm)	Area (mm^2)
1	62.46000	10.15750	3.67000	37.27802

	Maximum Load (N)	Tensile strain at Maximum Load (%)	Tensile stress at Maximum Load (MPa)	Tensile strain at Yield (Zero Slope) (%)
1	335.19466	100.59762	8.99175	100.59762

	Tensile strain at Break (Standard) (%)	Tensile stress at Yield (Zero Slope) (MPa)	Tensile stress at Break (Standard) (MPa)	True stress at Break (Standard) (MPa)
1	121.27734	8.99175	0.38753	1.05668

	Tensile extension at Yield (Zero Slope) (mm)	Tensile extension at Break (Standard) (mm)	Energy at Yield (Zero Slope) (J)	Energy at Break (Standard) (J)
1	25.66655	75.74983	18.47692	22.42919

	Load at Yield (Zero Slope) (N)	Load at Break (Standard) (N)	Extension at Maximum Load (mm)	Extension at Yield (Zero Slope) (mm)
1	335.19466	14.44635	62.83327	25.66655

	Tensile extension at Maximum Load (mm)	True strain at Break (Standard) (mm/mm)	True strain at Maximum Load (mm/mm)	True stress at Maximum Load (MPa)
1	62.83327	0.79425	0.69613	18.03724

	True strain at Yield (Zero Slope) (mm/mm)	True stress at Yield (Zero Slope) (MPa)	Modulus (Automatic) (MPa)	Modulus (E-modulus) (MPa)
1	0.69613	18.03724	37.65354	-----

	Energy to X-Intercept at Modulus (Automatic) (J)	Y-Intercept at Modulus (Automatic) (MPa)	Energy to X-Intercept at Modulus (E-modulus) (J)	X-Intercept at Modulus (E-modulus) (mm/mm)
1	-----	0.83956	-----	-----

	Y-Intercept at Modulus (E-modulus) (MPa)	X-Intercept at Modulus (Automatic) (mm/mm)
1	-----	-0.02163

Tabela A6: Resultado do LDPE + 10% de resíduos de papel + óleo de silicone

	Length (mm)	Width (mm)	Thickness (mm)	Area (mm^2)
1	62.46000	10.15750	3.67000	37.27802

	Maximum Load (N)	Tensile strain at Maximum Load (%)	Tensile stress at Maximum Load (MPa)	Tensile strain at Yield (Zero Slope) (%)
1	307.88986	50.69919	8.25929	49.09817

	Tensile strain at Break (Standard) (%)	Tensile stress at Yield (Zero Slope) (MPa)	Tensile stress at Break (Standard) (MPa)	True stress at Break (Standard) (MPa)
1	60.17200	8.25853	0.34561	0.74577

	Tensile extension at Yield (Zero Slope) (mm)	Tensile extension at Break (Standard) (mm)	Energy at Yield (Zero Slope) (J)	Energy at Break (Standard) (J)
1	23.16671	37.58343	7.20993	8.52646

	Load at Yield (Zero Slope) (N)	Load at Break (Standard) (N)	Extension at Maximum Load (mm)	Extension at Yield (Zero Slope) (mm)
1	307.86167	12.88365	31.66671	23.16671

	Tensile extension at Maximum Load (mm)	True strain at Break (Standard) (mm/mm)	True strain at Maximum Load (mm/mm)	True stress at Maximum Load (MPa)
1	31.66671	0.47108	0.41012	12.44668

	True strain at Yield (Zero Slope) (mm/mm)	True stress at Yield (Zero Slope) (MPa)	Modulus (Automatic) (MPa)	Modulus (E-modulus) (MPa)
1	0.39943	12.31332	46.09307	-----

	Energy to X-Intercept at Modulus (Automatic) (J)	Y-Intercept at Modulus (Automatic) (MPa)	Energy to X-Intercept at Modulus (E-modulus) (J)	X-Intercept at Modulus (E-modulus) (mm/mm)
1	-----	0.62981	-----	-----

	Y-Intercept at Modulus (E-modulus) (MPa)	X-Intercept at Modulus (Automatic) (mm/mm)
1	-----	-0.01658

Tabela A7: Resultado do LDPE + 15% de resíduos de papel + óleo de silicone

	Length (mm)	Width (mm)	Thickness (mm)	Area (mm^2)
1	62.46000	10.15750	3.67000	37.27802

	Maximum Load (N)	Tensile strain at Maximum Load (%)	Tensile stress at Maximum Load (MPa)	Tensile strain at Yield (Zero Slope) (%)
1	274.53956	50.29918	7.36465	50.29918

	Tensile strain at Break (Standard) (%)	Tensile stress at Yield (Zero Slope) (MPa)	Tensile stress at Break (Standard) (MPa)	True stress at Break (Standard) (MPa)
1	63.78481	7.36465	0.29187	0.51079

	Tensile extension at Yield (Zero Slope) (mm)	Tensile extension at Break (Standard) (mm)	Energy at Yield (Zero Slope) (J)	Energy at Break (Standard) (J)
1	21.58327	39.83999	7.54272	8.85621

	Load at Yield (Zero Slope) (N)	Load at Break (Standard) (N)	Extension at Maximum Load (mm)	Extension at Yield (Zero Slope) (mm)
1	274.53956	10.88033	31.41687	21.58327

	Tensile extension at Maximum Load (mm)	True strain at Break (Standard) (mm/mm)	True strain at Maximum Load (mm/mm)	True stress at Maximum Load (MPa)
1	31.41687	0.49338	0.40746	12.27141

	True strain at Yield (Zero Slope) (mm/mm)	True stress at Yield (Zero Slope) (MPa)	Modulus (Automatic) (MPa)	Modulus (E-modulus) (MPa)
1	0.40746	12.27141	50.25131	-----

	Energy to X-Intercept at Modulus (Automatic) (J)	Y-Intercept at Modulus (Automatic) (MPa)	Energy to X-Intercept at Modulus (E-modulus) (J)	X-Intercept at Modulus (E-modulus) (mm/mm)
1	-----	0.58829	-----	-----

	Y-Intercept at Modulus (E-modulus) (MPa)	X-Intercept at Modulus (Automatic) (mm/mm)
1	-----	-0.01418

Tabela A8: Resultado do LDPE + 20% de resíduos de papel + óleo de silicone

	Length (mm)	Width (mm)	Thickness (mm)	Area (mm^2)
1	62.46000	10.15750	3.67000	37.27802

	Maximum Load (N)	Tensile strain at Maximum Load (%)	Tensile stress at Maximum Load (MPa)	Tensile strain at Yield (Zero Slope) (%)
1	233.33654	49.36484	6.25936	49.36484

	Tensile strain at Break (Standard) (%)	Tensile stress at Yield (Zero Slope) (MPa)	Tensile stress at Break (Standard) (MPa)	True stress at Break (Standard) (MPa)
1	62.11950	6.85936	0.24525	0.68941

	Tensile extension at Yield (Zero Slope) (mm)	Tensile extension at Break (Standard) (mm)	Energy at Yield (Zero Slope) (J)	Energy at Break (Standard) (J)
1	18.25000	38.79984	7.10632	8.53170

	Load at Yield (Zero Slope) (N)	Load at Break (Standard) (N)	Extension at Maximum Load (mm)	Extension at Yield (Zero Slope) (mm)
1	233.33654	9.14243	30.83328	18.25000

	Tensile extension at Maximum Load (mm)	True strain at Break (Standard) (mm/mm)	True strain at Maximum Load (mm/mm)	True stress at Maximum Load (MPa)
1	30.83328	0.48316	0.40122	11.73913

	True strain at Yield (Zero Slope) (mm/mm)	True stress at Yield (Zero Slope) (MPa)	Modulus (Automatic) (MPa)	Modulus (E-modulus) (MPa)
1	0.40122	11.73913	55.01328	-----

	Energy to X-Intercept at Modulus (Automatic) (J)	Y-Intercept at Modulus (Automatic) (MPa)	Energy to X-Intercept at Modulus (E-modulus) (J)	X-Intercept at Modulus (E-modulus) (mm/mm)
1	-----	0.61938	-----	-----

	Y-Intercept at Modulus (E-modulus) (MPa)	X-Intercept at Modulus (Automatic) (mm/mm)
1	-----	-0.01605

Tabela A9: Resultado de MAPE + PEBD + 5% Kola amarga + óleo de silicone

	Length (mm)	Width (mm)	Thickness (mm)	Area (mm^2)
1	62.46000	10.15750	3.67000	37.27802

	Maximum Load (N)	Tensile strain at Maximum Load (%)	Tensile stress at Maximum Load (MPa)	Tensile strain at Yield (Zero Slope) (%)
1	335.43470	102.99940	8.99819	49.23150

	Tensile strain at Break (Standard) (%)	Tensile stress at Yield (Zero Slope) (MPa)	Tensile stress at Break (Standard) (MPa)	True stress at Break (Standard) (MPa)
1	150.49580	8.90890	0.39100	0.75148

	Tensile extension at Yield (Zero Slope) (mm)	Tensile extension at Break (Standard) (mm)	Energy at Yield (Zero Slope) (J)	Energy at Break (Standard) (J)
1	24.66687	93.99968	7.35555	26.23815

	Load at Yield (Zero Slope) (N)	Load at Break (Standard) (N)	Extension at Maximum Load (mm)	Extension at Yield (Zero Slope) (mm)
1	335.43470	14.57572	64.33342	24.66687

	Tensile extension at Maximum Load (mm)	True strain at Break (Standard) (mm/mm)	True strain at Maximum Load (mm/mm)	True stress at Maximum Load (MPa)
1	64.33343	0.91827	0.70803	16.84528

	True strain at Yield (Zero Slope) (mm/mm)	True stress at Yield (Zero Slope) (MPa)	Modulus (Automatic) (MPa)	Modulus (E-modulus) (MPa)
1	0.40033	12.25026	49.51903	-----

	Energy to X-Intercept at Modulus (Automatic) (J)	Y-Intercept at Modulus (Automatic) (MPa)	Energy to X-Intercept at Modulus (E-modulus) (J)	X-Intercept at Modulus (E-modulus) (mm/mm)
1	-----	0.60695	-----	-----

	Y-Intercept at Modulus (E-modulus) (MPa)	X-Intercept at Modulus (Automatic) (mm/mm)
1	-----	-0.01521

Tabela A10: Resultado de MAPE + PEBD + 10% de Bitter Kola + Óleo de silicone

	Length (mm)	Width (mm)	Thickness (mm)	Area (mm^2)
1	62.46000	10.15750	3.67000	37.27802

	Maximum Load (N)	Tensile strain at Maximum Load (%)	Tensile stress at Maximum Load (MPa)	Tensile strain at Yield (Zero Slope) (%)
1	310.09832	44.29534	8.31853	44.29534

	Tensile strain at Break (Standard) (%)	Tensile stress at Yield (Zero Slope) (MPa)	Tensile stress at Break (Standard) (MPa)	True stress at Break (Standard) (MPa)
1	151.29681	8.31853	0.36563	0.44135

	Tensile extension at Yield (Zero Slope) (mm)	Tensile extension at Break (Standard) (mm)	Energy at Yield (Zero Slope) (J)	Energy at Break (Standard) (J)
1	22.91671	94.49998	6.42242	25.53866

	Load at Yield (Zero Slope) (N)	Load at Break (Standard) (N)	Extension at Maximum Load (mm)	Extension at Yield (Zero Slope) (mm)
1	310.09832	13.62997	27.66687	22.91671

	Tensile extension at Maximum Load (mm)	True strain at Break (Standard) (mm/mm)	True strain at Maximum Load (mm/mm)	True stress at Maximum Load (MPa)
1	27.66687	0.92146	0.36669	11.71465

	True strain at Yield (Zero Slope) (mm/mm)	True stress at Yield (Zero Slope) (MPa)	Modulus (Automatic) (MPa)	Modulus (E-modulus) (MPa)
1	0.36669	11.71465	58.31387	-----

	Energy to X-Intercept at Modulus (Automatic) (J)	Y-Intercept at Modulus (Automatic) (MPa)	Energy to X-Intercept at Modulus (E-modulus) (J)	X-Intercept at Modulus (E-modulus) (mm/mm)
1	-----	0.61022	-----	-----

	Y-Intercept at Modulus (E-modulus) (MPa)	X-Intercept at Modulus (Automatic) (mm/mm)
1	-----	-0.01512

Tabela A11: Resultado de MAPE + PEBD + 15% de Kola amarga + óleo de silicone

	Length (mm)	Width (mm)	Thickness (mm)	Area (mm^2)
1	62.46000	10.15750	3.67000	37.27802

	Maximum Load (N)	Tensile strain at Maximum Load (%)	Tensile stress at Maximum Load (MPa)	Tensile strain at Yield (Zero Slope) (%)
1	271.73999	110.87118	7.28955	110.87118

	Tensile strain at Break (Standard) (%)	Tensile stress at Yield (Zero Slope) (MPa)	Tensile stress at Break (Standard) (MPa)	True stress at Break (Standard) (MPa)
1	134.08605	7.28955	0.32675	1.27986

	Tensile extension at Yield (Zero Slope) (mm)	Tensile extension at Break (Standard) (mm)	Energy at Yield (Zero Slope) (J)	Energy at Break (Standard) (J)
1	19.75000	83.75014	21.34808	25.13510

	Load at Yield (Zero Slope) (N)	Load at Break (Standard) (N)	Extension at Maximum Load (mm)	Extension at Yield (Zero Slope) (mm)
1	271.73999	12.18064	69.25014	19.75000

	Tensile extension at Maximum Load (mm)	True strain at Break (Standard) (mm/mm)	True strain at Maximum Load (mm/mm)	True stress at Maximum Load (MPa)
1	69.25014	0.85052	0.74608	19.58898

	True strain at Yield (Zero Slope) (mm/mm)	True stress at Yield (Zero Slope) (MPa)	Modulus (Automatic) (MPa)	Modulus (E-modulus) (MPa)
1	0.74608	19.58898	69.68243	-----

	Energy to X-Intercept at Modulus (Automatic) (J)	Y-Intercept at Modulus (Automatic) (MPa)	Energy to X-Intercept at Modulus (E-modulus) (J)	X-Intercept at Modulus (E-modulus) (mm/mm)
1	-----	1.00028	-----	-----

	Y-Intercept at Modulus (E-modulus) (MPa)	X-Intercept at Modulus (Automatic) (mm/mm)
1	-----	-0.02673

Tabela A12: Resultado de MAPE + LDPE + 20% Bitter Kola + Óleo de silicone

	Length (mm)	Width (mm)	Thickness (mm)	Area (mm^2)
1	62.46000	10.15750	3.67000	37.27802

	Maximum Load (N)	Tensile strain at Maximum Load (%)	Tensile stress at Maximum Load (MPa)	Tensile strain at Yield (Zero Slope) (%)
1	259.74317	46.42971	6.96773	46.42971

	Tensile strain at Break (Standard) (%)	Tensile stress at Yield (Zero Slope) (MPa)	Tensile stress at Break (Standard) (MPa)	True stress at Break (Standard) (MPa)
1	194.40739	6.96773	0.28382	0.68837

	Tensile extension at Yield (Zero Slope) (mm)	Tensile extension at Break (Standard) (mm)	Energy at Yield (Zero Slope) (J)	Energy at Break (Standard) (J)
1	16.33343	121.42686	6.80427	33.11774

	Load at Yield (Zero Slope) (N)	Load at Break (Standard) (N)	Extension at Maximum Load (mm)	Extension at Yield (Zero Slope) (mm)
1	259.74317	10.58618	29.00000	16.33343

	Tensile extension at Maximum Load (mm)	True strain at Break (Standard) (mm/mm)	True strain at Maximum Load (mm/mm)	True stress at Maximum Load (MPa)
1	29.00000	1.07979	0.38138	11.66712

	True strain at Yield (Zero Slope) (mm/mm)	True stress at Yield (Zero Slope) (MPa)	Modulus (Automatic) (MPa)	Modulus (E-modulus) (MPa)
1	0.38138	11.66712	73.68627	-----

	Energy to X-Intercept at Modulus (Automatic) (J)	Y-Intercept at Modulus (Automatic) (MPa)	Energy to X-Intercept at Modulus (E-modulus) (J)	X-Intercept at Modulus (E-modulus) (mm/mm)
1	-----	0.64361	-----	-----

	Y-Intercept at Modulus (E-modulus) (MPa)	X-Intercept at Modulus (Automatic) (mm/mm)
1	-----	-0.01527

Tabela A13: Resultado de MAPE + LDPE + 5% de resíduos de papel + óleo de silicone

	Length (mm)	Width (mm)	Thickness (mm)	Area (mm^2)
1	62.46000	10.15750	3.67000	37.27802

	Maximum Load (N)	Tensile strain at Maximum Load (%)	Tensile stress at Maximum Load (MPa)	Tensile strain at Yield (Zero Slope) (%)
1	349.63097	108.86966	9.37901	58.70456

	Tensile strain at Break (Standard) (%)	Tensile stress at Yield (Zero Slope) (MPa)	Tensile stress at Break (Standard) (MPa)	True stress at Break (Standard) (MPa)
1	184.48080	9.22248	0.40921	1.24946

	Tensile extension at Yield (Zero Slope) (mm)	Tensile extension at Break (Standard) (mm)	Energy at Yield (Zero Slope) (J)	Energy at Break (Standard) (J)
1	23.75000	115.22671	10.21975	36.05784

	Load at Yield (Zero Slope) (N)	Load at Break (Standard) (N)	Extension at Maximum Load (mm)	Extension at Yield (Zero Slope) (mm)
1	343.79580	15.25453	67.99999	23.75000

	Tensile extension at Maximum Load (mm)	True strain at Break (Standard) (mm/mm)	True strain at Maximum Load (mm/mm)	True stress at Maximum Load (MPa)
1	67.99999	1.04550	0.73654	19.58991

	True strain at Yield (Zero Slope) (mm/mm)	True stress at Yield (Zero Slope) (MPa)	Modulus (Automatic) (MPa)	Modulus (E-modulus) (MPa)
1	0.46187	14.63649	49.90740	-----

	Energy to X-Intercept at Modulus (Automatic) (J)	Y-Intercept at Modulus (Automatic) (MPa)	Energy to X-Intercept at Modulus (E-modulus) (J)	X-Intercept at Modulus (E-modulus) (mm/mm)
1	-----	0.95306	-----	-----

	Y-Intercept at Modulus (E-modulus) (MPa)	X-Intercept at Modulus (Automatic) (mm/mm)
1	-----	-0.02474

Tabela A14: Resultado de MAPE + LDPE + 10% de resíduos de papel + óleo de silicone

	Length (mm)	Width (mm)	Thickness (mm)	Area (mm^2)
1	62.46000	10.15750	3.67000	37.27802

	Maximum Load (N)	Tensile strain at Maximum Load (%)	Tensile stress at Maximum Load (MPa)	Tensile strain at Yield (Zero Slope) (%)
1	330.20012	52.70047	8.85777	52.70047

	Tensile strain at Break (Standard) (%)	Tensile stress at Yield (Zero Slope) (MPa)	Tensile stress at Break (Standard) (MPa)	True stress at Break (Standard) (MPa)
1	101.93722	8.85777	0.38359	0.79481

	Tensile extension at Yield (Zero Slope) (mm)	Tensile extension at Break (Standard) (mm)	Energy at Yield (Zero Slope) (J)	Energy at Break (Standard) (J)
1	21.66687	63.66999	9.74421	20.21501

	Load at Yield (Zero Slope) (N)	Load at Break (Standard) (N)	Extension at Maximum Load (mm)	Extension at Yield (Zero Slope) (mm)
1	330.20012	14.29947	32.91671	21.66687

	Tensile extension at Maximum Load (mm)	True strain at Break (Standard) (mm/mm)	True strain at Maximum Load (mm/mm)	True stress at Maximum Load (MPa)
1	32.91671	0.70279	0.42331	15.05286

	True strain at Yield (Zero Slope) (mm/mm)	True stress at Yield (Zero Slope) (MPa)	Modulus (Automatic) (MPa)	Modulus (E-modulus) (MPa)
1	0.42331	15.05286	56.36365	-----

	Energy to X-Intercept at Modulus (Automatic) (J)	Y-Intercept at Modulus (Automatic) (MPa)	Energy to X-Intercept at Modulus (E-modulus) (J)	X-Intercept at Modulus (E-modulus) (mm/mm)
1	-----	0.61080	-----	-----

	Y-Intercept at Modulus (E-modulus) (MPa)	X-Intercept at Modulus (Automatic) (mm/mm)
1	-----	-0.01168

Tabela A15: Resultado de MAPE + LDPE + 15% de resíduos de papel + óleo de silicone

	Length (mm)	Width (mm)	Thickness (mm)	Area (mm^2)
1	62.46000	10.15750	3.67000	37.27802

	Maximum Load (N)	Tensile strain at Maximum Load (%)	Tensile stress at Maximum Load (MPa)	Tensile strain at Yield (Zero Slope) (%)
1	284.52486	44.42843	7.63251	44.42843

	Tensile strain at Break (Standard) (%)	Tensile stress at Yield (Zero Slope) (MPa)	Tensile stress at Break (Standard) (MPa)	True stress at Break (Standard) (MPa)
1	59.50457	7.63251	0.34492	0.56611

	Tensile extension at Yield (Zero Slope) (mm)	Tensile extension at Break (Standard) (mm)	Energy at Yield (Zero Slope) (J)	Energy at Break (Standard) (J)
1	18.25014	37.16655	7.75903	10.28186

	Load at Yield (Zero Slope) (N)	Load at Break (Standard) (N)	Extension at Maximum Load (mm)	Extension at Yield (Zero Slope) (mm)
1	284.52486	12.85793	27.75000	18.25014

	Tensile extension at Maximum Load (mm)	True strain at Break (Standard) (mm/mm)	True strain at Maximum Load (mm/mm)	True stress at Maximum Load (MPa)
1	27.75000	0.46690	0.36761	13.91208

	True strain at Yield (Zero Slope) (mm/mm)	True stress at Yield (Zero Slope) (MPa)	Modulus (Automatic) (MPa)	Modulus (E-modulus) (MPa)
1	0.36761	13.91208	64.42012	-----

	Energy to X-Intercept at Modulus (Automatic) (J)	Y-Intercept at Modulus (Automatic) (MPa)	Energy to X-Intercept at Modulus (E-modulus) (J)	X-Intercept at Modulus (E-modulus) (mm/mm)
1	-----	0.65068	-----	-----

	Y-Intercept at Modulus (E-modulus) (MPa)	X-Intercept at Modulus (Automatic) (mm/mm)
1	-----	-0.01235

Tabela A16: Resultado de MAPE + LDPE + 20% de resíduos de papel + óleo de silicone

	Length (mm)	Width (mm)	Thickness (mm)	Area (mm^2)
1	62.46000	10.15750	3.67000	37.27802

	Maximum Load (N)	Tensile strain at Maximum Load (%)	Tensile stress at Maximum Load (MPa)	Tensile strain at Yield (Zero Slope) (%)
1	251.34473	37.35740	6.74244	37.35740

	Tensile strain at Break (Standard) (%)	Tensile stress at Yield (Zero Slope) (MPa)	Tensile stress at Break (Standard) (MPa)	True stress at Break (Standard) (MPa)
1	43.06206	6.74244	0.29037	0.42972

	Tensile extension at Yield (Zero Slope) (mm)	Tensile extension at Break (Standard) (mm)	Energy at Yield (Zero Slope) (J)	Energy at Break (Standard) (J)
1	15.00000	26.89656	4.38392	4.72741

	Load at Yield (Zero Slope) (N)	Load at Break (Standard) (N)	Extension at Maximum Load (mm)	Extension at Yield (Zero Slope) (mm)
1	251.34473	10.82441	23.33343	15.00000

	Tensile extension at Maximum Load (mm)	True strain at Break (Standard) (mm/mm)	True strain at Maximum Load (mm/mm)	True stress at Maximum Load (MPa)
1	23.33343	0.35811	0.31742	9.26124

	True strain at Yield (Zero Slope) (mm/mm)	True stress at Yield (Zero Slope) (MPa)	Modulus (Automatic) (MPa)	Modulus (E-modulus) (MPa)
1	0.31742	9.26124	69.14890	-----

	Energy to X-Intercept at Modulus (Automatic) (J)	Y-Intercept at Modulus (Automatic) (MPa)	Energy to X-Intercept at Modulus (E-modulus) (J)	X-Intercept at Modulus (E-modulus) (mm/mm)
1	-----	0.57753	-----	-----

	Y-Intercept at Modulus (E-modulus) (MPa)	X-Intercept at Modulus (Automatic) (mm/mm)
1	-----	-0.01574

Quadro A.1: resultados do ensaio de resistência à tração no limite de elasticidade da Bitter kola $(B\ )_k$

Tensile Strength (MPa) (σ) = F(N)/A(mm^2)		
Tensile Strength of Unfilled LDPE = 10.22436		
Filler Loading (%)	(B_k)With MAPE	(B_k)Without MAPE
5	8.99819	8.35859
10	8.31853	8.04063
15	7.28955	7.60035
20	6.96773	6.37715

Tabela A.2: mostrando o resultado da resistência à tração no ensaio de cedência para resíduos de papel $(W\ )_p$

Tensile Strength (MPa) (σ) = F(N)/A(mm^2)		
Tensile Strength of Unfilled LDPE = 10.22436		
Filler Loading (%)	(W_p)With MAPE	(W_p)Without MAPE
5	9.37901	8.99175
10	8.85777	8.31853
15	7.63251	7.36465
20	6.74244	6.25936

Quadro A.3: resultados da extensão na rutura para a Bitter kola (B)$_K$

Extension at Break (%)%ε_B = $\frac{L_f - L_0}{L_0}$ x 100		
Extension at Break of Unfilled LDPE = 341.49		
Filler Loading (%)	(B_K) With MAPE	(B_K) Without MAPE
5	184.48	236.95
10	159.57	220.27
15	144.36	175.86
20	127.90	142.15

Tabela A.4: apresenta o resultado da extensão na rutura para os resíduos de papel (W)$_P$

Extension at Break (%)%ε_B = $\frac{L_f - L_0}{L_0}$ x 100		
Extension at Break of Unfilled LDPE = 341.49		
Filler Loading (%)	(W_p) With MAPE	(W_p) Without MAPE
5	166.49	223.42
10	151.28	182.12
15	134.08	158.05
20	111.16	119.68

Quadro A.5: resultados da extensão da produção de Bitter kola (B)k

Extension at Yield (mm) $\varepsilon_Y = \frac{\Delta L}{L_0}$		
Extension at Yield of Unfilled LDPE = 27.41656		
Filler Loading (%)	(B_k)With MAPE	(B_k)Without MAPE
5	24.66687	26.83327
10	22.91671	24.66671
15	19.75000	21.41687
20	16.33343	18.83328

Tabela A.6: resultados da extensão do rendimento para os resíduos de papel (W)p

Extension at Yield (mm) $\varepsilon_Y = \frac{\Delta L}{L_0}$		
Extension at Yield of Unfilled LDPE = 27.41656		
Filler Loading (%)	(W_p) With MAPE	(W_p) Without MAPE
5	23.75000	25.66655
10	21.66687	23.16671
15	18.25014	21.58327
20	15.00000	18.25000

Tabela A.7: resultados do módulo de elasticidade da cola amarga $(B\ )_k$

Modulus of Elasticity $E = \frac{\sigma}{\varepsilon}$		
Modulus of Elasticity of Unfilled LDPE = 31.75817		
Filler Loading (%)	(B_k) With MAPE	(B_k) Without MAPE
5	49.51903	37.80899
10	58.31385	39.97733
15	69.68243	41.47534
20	73.68627	48.59063

Tabela A.8: mostrando o resultado do módulo de elasticidade para resíduos de papel $(W\ )_p$

Modulus of Elasticity $E = \frac{\sigma}{\varepsilon}$		
Modulus of Elasticity of Unfilled LDPE = 31.75817		
Filler Loading (%)	(W_p) With MAPE	(W_p) Without MAPE
5	49.90740	37.65354
10	56.36367	46.09307
15	64.42012	50.25131
20	69.14890	55.01328

Tabela A.9: resultados do ensaio de energia de impacto para Bitter kola (B $)_K$

IMPACT ENERGY (J/m²)		
Impact Energy of Unfilled LDPE = 6.61		
Filler loading (%)	(B_K) With MAPE	(B_K) Without MAPE
5	8.02	7.32
10	8.73	8.02
15	9.91	8.97
20	11.33	9.91

Tabela A.10: mostrando o resultado do teste de energia de impacto para resíduos de papel (W $)_p$

IMPACT ENERGY (J/m²)		
Impact Energy of Unfilled LDPE = 6.61		
Filler loading (%)	(W_p) With MAPE	(W_p) Without MAPE
5	7.55	7.08
10	8.26	7.55
15	9.20	8.49
20	11.09	9.44

Tabela A.11: mostra o resultado do ensaio de dureza Brinell para resíduos de papel $(W)_p$

BRINELL HARDNESS TEST RESULT BHN $= \dfrac{2P}{\pi D (D - \sqrt{(D^2 - d^2)})}$		
Brinell Hardness of Unfilled LDPE = 17.4		
Filler loading (%)	(W_p) With MAPE	(W_p) Without MAPE
5	19.1	18.4
10	20.8	18.9
15	22.1	20.5
20	23.3	21.2

Quadro A.12: mostra o resultado do ensaio de dureza Brinell para Bitter kola $(B)_K$

BRINELL HARDNESS TEST RESULT BHN $= \dfrac{2P}{\pi D (D - \sqrt{(D^2 - d^2)})}$		
Brinell Hardness of Unfilled LDPE = 17.4		
Filler loading (%)	(B_K) With MAPE	(B_K) Without MAPE
5	20.0	19.4
10	21.8	20.1
15	23.7	21.5
20	24.3	22.1

Printed by Books on Demand GmbH, Norderstedt / Germany